KB252110

잇 베이커리
잇 브레드

잇 베이커리
잇 브레드

내복곰 안성미 지음

미호

빵을 좋아하는 모든 분들에게 보내는
내복곰의 편지

밀가루에 소금, 이스트, 물을 넣어 반죽해서 주방 한켠 따뜻한 곳에 두면 작았던 반죽덩어리가 신기하게도 풍선처럼 빵빵하게 부풀어 올라요. 그 모습을 가만히 보고 있노라면 기분 좋은 약속이라도 있는 날처럼 행복해져요.

풍선의 바람을 빼듯 반죽을 가볍게 누르고 예쁘게 모양을 만들어 발효를 시키고 오븐에 넣어 구우면 온 집 안에 구수하고 향긋한 빵냄새가 빈 곳 없이 채워지고 따뜻한 빵냄새는 일상의 소소한 즐거움을 안겨준답니다.

빵을 굽는다는 건 단순히 가족을 위해 먹을거리를 만드는 것을 넘어 아이들에게는 정서적인 안정감을, 남편에게는 편안함을 주는 것 같아요. 엄마가 만든 빵에는 사랑과 정성이 녹아 있고 구수한 빵냄새를 통해 사랑하는 마음이 가족에게 전달되기 때문이에요.

빵을 좋아하고 베이킹에 관심이 있는 분이라면 홈베이킹을 꼭 해보라고 권하고 싶어요. 개인적으로 베이킹만큼 배우는 즐거움이 컸던 일도 흔하지 않았지만, 무엇보다 빵을 굽는 한 분 한 분이 모두 대단한 능력을 갖게 되는 것이니까요.

아침식사로 먹을 식빵을 뚝딱 굽고, 가족의 생일날에는 세상에 단 하나뿐인 케이크를 만들고, 친구와 이웃에게는 감사의 선물로 근사한 쿠키를 선물

할 수 있으니 이 정도면 엄청난 능력을 갖게 되는 것 아닐까요. 무엇보다 엄마의 이런 모습을 보고 자란 아이들은 따뜻한 마음을 갖게 될 테니 이보다 더 좋은 교육도 없을 거 같아요.

반죽이 발효될 때의 시큼한 냄새가 좋고, 빵이 구워져 나올 때의 향긋한 냄새가 좋고, 가족에게 좋은 재료를 가득 담은 건강한 빵을 만들어줄 수 있어 좋고, 갓 구운 바게트를 이웃과 나눠 먹을 수 있으니 얼마나 좋은지 몰라요. 이런 즐거움, 여러분들과 함께 나누고 싶어요.

책을 만들기 위해 일 년의 대부분을 보내느라 봄, 여름, 가을, 겨울이 하루처럼 빠르게 지나갔어요. 긴 시간 동안 때로는 두 팔을 걷어부치고 가득 채워진 설거지를 도와주고 바쁜 아침 시간에 청소기를 밀어주곤 후다닥 출근하던 남편의 모습에 미안하고 고마운 마음이 하늘만큼 커요. 천군만마가 부럽지 않은 조력자인 남편과 아이들, 부모님께서 옆에 있었기에 책을 내는 일도, 일을 하면서 행복을 느꼈던 것도 가능했어요.

모두 감사하고 사랑합니다.

from. 내복곰

contents 

Part 1.

우리에게 친숙한 자타공인 베스트 브레드

베이커리 명예의 전당

건강빵

식빵 

조리빵

간식용 빵

contents

베이킹에 필요한 도구

1 **오븐** 홈베이킹의 기본 도구인 오븐은 가스오븐, 전기오븐 등의 종류가 있어요. 오븐마다 온도와 기능에 차이가 있으니 레시피의 설정된 온도와 시간을 참고해서 가정에 있는 오븐의 특성에 맞게 조절해서 사용하세요.

2 **제빵기** 제빵기는 원래 반죽과 발효 과정을 거쳐 빵을 완성하는 도구이지만 대부분의 홈베이커들은 주로 발효빵을 반죽하는 용도로 많이 사용해요. 제빵기를 이용하면 힘든 반죽도 쉽고 간단하게 할 수 있어요.

3 **푸드 프로세서** 푸드 프로세서는 요리를 할 때뿐만 아니라 쿠키나 파이 등을 만들 때도 매우 유용한 도구예요. 치즈케이크를 반죽하거나 카스텔라가루를 낼 때도 어떤 도구보다 편리하게 쓸 수 있어요.

4 **식빵틀** 식빵틀의 종류에 따라 다양한 모양의 식빵을 만들 수 있어요. 뚜껑이 있는 풀먼 식빵틀은 샌드위치 식빵을, 주름 식빵틀은 둥근 모양의 식빵을 구울 수 있어요.

5 **바게트틀** 바게트틀은 작은 구멍이 있어 전체적으로 열을 골고루 전달해서 바게트의 바삭한 껍질을 만드는 데 도움을 줘요.

6 **케이크틀** 제누아즈, 치즈케이크, 구겔호프 등 모양에 따라 다양한 종류의 케이크를 만들 수 있어요. 치즈케이크틀은 열전도율이 높은 알루미늄 재질로 되어 있고, 구겔호프틀은 골고루 열을 전달하기 위해 가운데 구멍이 뚫려 있어요.

7 **머핀틀 · 마들렌틀** 머핀이나 컵케이크, 마들렌을 굽는 도구이에요. 머핀틀을 사용할 때 유산지를 사용하면 머핀을 쉽게 틀에서 빼낼 수 있고 마들렌틀에는 미리 버터를 꼼꼼히 발라야 틀에서 예쁘게 분리할 수 있어요.

8 **타르트틀 · 파이틀** 타르트와 파이를 구울 수 있는 도구예요. 크기와 재질이 다양한데 바닥이 따로 분리되는 코팅된 틀을 사용하면 타르트나 파이를 쉽게 틀에서 분리할 수 있어요.

9 **무스틀** 무스틀은 원형, 사각, 하트 등 다양한 모양이 있어요. 모양에 따라 색다른 무스케이크를 만들 수 있고 작은 틀로는 잉글리시 머핀을 구울 수도 있어요.

10 **와플팬** 전기를 사용하는 와플기와 불에 올려 굽는 와플팬이 있어요. 와플팬을 사용할 때는 약한 불에서 충분히 예열하고 타지 않게 불을 조절하는 것이 중요해요.

11 **핸드믹서 · 거품기** 반죽을 섞거나 달걀, 생크림 등의 거품을 낼 때 사용하는 베이킹의 필수 도구 중 하나예요. 충분한 거품을 내야 할 때는 핸드믹서가 유용하고 쿠키처럼 반죽을 가볍게 섞어야 할 때는 거품기를 사용하세요.

12 **온도계 · 타이머** 온도계는 반죽이나 기름의 온도, 초콜릿의 온도를 재는 데 사용하는 도구예요. 반죽에 직접 꽂아 온도를

재는 종류도 있고 간편하게 사용할 수 있는 적외선 온도계도 있어요. 타이머는 정확한 시간을 요하는 베이킹에 꼭 필요한 도구예요.

13 저울 · 계량스푼 정확한 계량이 필수인 베이킹에서는 일반저울보다 전자저울이 좋아요. 계량스푼은 적은 양을 쉽게 계량할 수 있는 편리한 도구로 저울과 함께 갖춰두면 좋아요.

14 주걱 · 스패튤라 주걱은 재료를 섞거나 남은 재료를 모을 수 있는 도구로 열에 강한 실리콘 재질이 안전해요. 스패튤라는 케이크에 크림을 바르거나 표면을 매끄럽게 만들 수 있는 도구예요.

15 솔 · 분당체 솔은 반죽과 빵에 달걀물이나 오일 등을 바를 때 사용하는 도구로 실리콘 재질의 솔이 사용하기 편하고 위생적이에요. 분당체는 케이크 등을 장식할 때 슈거 파우더나 코코아 파우더 등을 체 치는 데 사용해요.

16 밀대 빵을 만들거나 파이나 쿠키 반죽을 얇게 밀 때 사용하는 도구예요. 종류에 따라 크기와 두께가 다양하니 용도별로 구별해서 사용하면 편리해요.

17 스크래퍼 스크래퍼는 반죽을 자르거나 재료를 모을 때 사용하는 베이킹의 필수 도구예요. 끝이 둥근 모양의 스크래퍼, 스테인리스 재질의 스크래퍼 등 모양과 크기, 재질이 다양해요.

18 짤주머니 · 깍지 짤주머니에 깍지를 끼우고 반죽이나 크림을 담아 쿠키를 만들거나 케이크를 장식할 때 사용하는 도구예요. 씻어서 계속해서 사용할 수 있는 짤주머니와 비닐 재질의 일회용 짤주머니가 있어요.

19 테프론시트 · 종이포일 팬에 테프론시트나 종이포일을 깔면 빵과 과자가 붙지 않아서 모양이 망가지지 않게 팬에서 분리할 수 있어요. 종이포일은 일회용이지만 테프론시트는 물에 씻어 여러 번 사용할 수 있어요.

20 쿠키커터 예쁜 모양의 쿠키를 만들 수 있는 도구로 플라스틱과 스테인리스 재질 등이 있어요. 스테인리스 재질의 커터는 모양이 찌그러지거나 녹슬지 않도록 보관에 주의하세요.

21 디저트컵 · 푸딩병 티라미수나 무스, 푸딩 등을 담을 수 있는 다양한 종류의 디저트컵과 푸딩병이 있어요. 두껑이 있어 보관하기도 좋고 선물용으로도 좋아요.

22 유산지 · 머핀컵 유산지를 사용하면 모양도 예쁘고 틀에서 깨끗하게 분리할 수 있어 편리해요. 일회용 머핀컵과 종이틀도 예쁜 디자인의 제품이 다양하게 나와 있어요.

베이킹에 필요한 재료

1 밀가루 베이킹의 주재료인 밀가루는 강력분, 중력분, 박력분 세 가지로 나눌 수 있어요. 밀가루에 포함된 단백질 함량에 따라 구별하는데 강력분은 단백질 함량이 가장 높아 주로 발효빵을 만들 때 사용하고, 중력분은 다목적용으로 사용할 수 있어요. 단백질 함량이 낮은 박력분은 쿠키 등을 만들 때 사용해요.

2 곡물 통밀, 호밀, 오트밀, 콘밀은 빵과 쿠키를 만들 때 주로 사용하는 대표적인 곡물이에요. 통밀은 껍질을 제거하지 않고 빻은 것이고 호밀은 보리를, 콘밀은 옥수수를, 오트밀은 귀리를 납작하게 눌러 빻은 것이에요. 모두 식이섬유가 풍부하고 건강에 좋은 재료예요.

3 소금 소금은 빵과 과자의 맛을 돋우는 역할뿐 아니라 빵을 만들 때 빠지면 안 되는 필수 재료예요. 입자가 가는 소금을 사용하면 재료에 골고루 섞여 좋아요. 굵은소금은 물에 녹여 사용하세요.

4 설탕·슈거 파우더 설탕은 빵과 과자에 단맛을 내기도 하지만 빵에 넣으면 발효에 도움이 돼요. 보통은 백설탕을 주로 사용하는데 용도에 따라 황설탕과 흑설탕을 적절히 사용하면 좋고 입자가 굵은 우박설탕은 빵과 쿠키의 표면에 장식용으로 사용하면 좋아요. 슈거 파우더는 설탕에 소량의 전분을 섞어 간 것으로 마카롱이나 쿠키를 만들거나 케이크 등을 장식할 때 많이 사용해요.

5 팽창제 효모로 만드는 인스턴트이스트는 발효빵을 만드는 데 사용하고 베이킹파우더와 베이킹소다는 과자나 케이크 등을 부풀게 하는 데 사용하는 화학 팽창제예요. 베이킹파우더는 베이킹소다를 주재료로 만들어 베이킹소다의 쓴맛 등을 개선한 것이지만 팽창력에는 차이가 있으므로 구별해서 사용하세요.

6 버터·식물성 오일 베이킹을 할 때는 소금이 들어가지 않은 무염버터를 사용하는 것이 기본이에요. 건강을 생각해서 포화지방이 많은 버터 대신 식물성 오일을 사용하는 경우도 있는데, 버터가 들어간 레시피를 무조건 식물성 오일로 대체하면 맛이 떨어지거나 실패할 수 있으니 주의하세요.

7 견과류 아몬드, 호두, 피칸, 피스타치오는 빵과 과자 등을 만들 때 자주 사용하는 견과류로 맛도 좋고 건강에도 매우 이로운 재료예요. 아몬드는 껍질을 벗겨 곱게 갈아놓은 아몬드가루와 얇게 저민 아몬드 슬라이스가 있어요. 호두와 피칸은 파이나 타르트, 쿠키 등에 자주 사용되는데 특히 피칸은 호두의 일종으로 고소하고 담백해요. 초록색의 피스타치오는 예쁜 색깔 때문에 장식용으로 많이 사용해요.

8 천연가루 단호박가루, 녹차가루, 코코아 파우더, 딸기가루 등의 천연가루는 빵과 과자의 예쁜 색과 맛을 내는 데 사용해요. 인공색소는 적은 양으로도 원하는 색을 낼 수 있지만 유해성 논란이 있으니 가급적 천연가루를 사용하세요.

9 초콜릿 초콜릿은 색깔과 맛에 따라 다크 초콜릿, 밀크 초콜릿, 화이트 초콜릿으로 나눌 수 있어요. 다크 초콜릿은 색이 진하고 단맛이 적고 초콜릿 원료의 함량이 높아요. 밀크 초콜릿은 다크 초콜릿에 비해 달콤하고 부드러워요. 화이트 초콜릿은 하얀 빛깔과 달콤한 맛이 특징이에요. 초콜릿 원료의 함량이 높은 질 좋은 것이 빵과 케이크의 맛을 한층 더 끌어올린답니다.

10 향신료 오레가노, 바질, 파슬리 등의 허브가루와 계피가루는 독특한 향이 있어 적절히 사용하면 맛과 향이 좋아지지만. 지나치게 많이 사용하면 빵 본연의 맛을 해칠 수 있으니 주의하세요. 레드페퍼는 굵게 빻은 고춧가루로 피자 등에 약간 뿌려주면 느끼한 맛을 없애고 음식의 감칠맛을 낸답니다.

11 제과용 술 럼, 칼루아, 코엥토루, 산딸기술, 천연 바닐라액 등의 제과용 술은 달걀을 비롯한 재료의 잡냄새를 제거하고 맛과 향을 높여줘요. 럼주는 사탕수수를 증류해서 만든 술로 가장 일반적으로 사용되고 있어요. 커피술 칼루아, 오렌지술 코엥토르, 산딸기술 등 다양한 제과용 술이 있어요. 럼이나 보드카에 바닐라빈을 넣어 숙성시킨 천연 바닐라액은 한번 만들어두면 쿠키, 케이크, 아이스크림 등에 유용하게 쓸 수 있어요.

12 유제품 우유, 생크림, 요구르트, 크림치즈 등의 유제품은 베이킹에 빠질 수 없는 재료예요. 생크림은 동물성 생크림과 식물성 생크림으로 나뉘는데 첨가물이 없는 유크림 100%인 동물성 생크림을 사용해야 맛과 질이 뛰어난 케이크나 무스를 만들 수 있어요.

13 시럽 물엿, 연유, 메이플시럽, 아가베시럽 등은 주로 설탕을 대신해서 사용해요. 메이플시럽은 단풍나무 수액으로 만들어 독특한 향과 맛이 나는 것이 특징이고 선인장이 원료인 아가베시럽은 설탕보다 당도가 높아요. 베이킹의 종류와 용도에 따라 적절한 것을 사용하세요.

14 젤라틴 젤라틴은 콜라겐에서 추출한 단백질로 주로 무스나 푸딩, 젤리 등을 굳히는 응고제로 사용해요. 젤라틴은 찬물에 5~10분 정도 불린 다음, 다른 재료에 녹여서 사용하는데 기온이 높은 한여름에는 얼음물에 불려서 사용하세요.

15 과일 퓌레 퓌레는 과일에 10% 정도의 설탕을 첨가해서 만든 것으로 무스 케이크나 푸딩, 아이스크림을 만들 때 주로 사용해요. 유럽에서 수입한 냉동 퓌레가 대부분이므로 제품의 유통과정과 유통기한을 잘 살펴보고 구입하세요.

16 장식용 과일 블루베리, 복분자, 산딸기, 딸기 다이스 등은 케이크나 빵의 재료뿐만 아니라 장식용으로도 많이 쓰여요. 제철과일이라 냉동 보관해서 사용하면 좋아요. 딸기 다이스는 딸기를 건조시켜 만든 것으로 케이크 데커레이션에 많이 사용해요.

발효빵 반죽과 발효하기

발효빵을 만들기 위해서는 '반죽(Mixing)-1차 발효-중간 발효(휴지)-성형-2차 발효-굽기'라는
여섯 단계의 기본적인 과정이 필요해요. 빵의 종류에 따라 각 과정마다 약간의 차이는 있지만
반죽과 1차 발효가 가장 중요하고 기본이 되는 단계입니다.

손반죽 하기

재 료

강력분 300g
설탕 15g
소금 6g
인스턴트이스트 6g
물 195g
버터 20g

1 볼에 밀가루를 담고 그 위에 소금, 설탕, 인스턴트이스트를 서로 닿지 않게 올리고 밀가루를 덮어 골고루 섞어주세요. 소금은 이스트의 활동을 조절하는 기능이 있어 이스트에 직접적으로 닿지 않도록 해야 하며 발효빵을 만들 때 빠지면 안 되는 필수 재료예요. 설탕은 이스트의 발효에 도움을 주지만 빵의 종류에 따라 생략이 가능해요.

2 미지근하게 데운 물을 넣어요. 물이 차가우면 이스트 알갱이가 잘 녹지 않아 발효에 지장을 주고 물의 온도가 지나치게 높으면 이스트가 죽어버리니 주의하세요. 한여름에는 실온 상태의 물을 사용하세요. 빵의 종류에 따라 버터가 아니라 올리브유 같은 식물성 오일이 들어가는 경우에는 식물성 오일을 물과 함께 넣어 반죽하세요.

3 반죽을 주걱으로 대강 섞어요. 밀가루와 물이 어느 정도 섞이면 손으로 반죽하기 좋은 상태가 돼요.

4 반죽이 어느 정도 뭉쳐지면 버터를 넣어요. 처음부터 버터를 넣으면 밀가루 입자에 버터가 코팅돼 발효에 지장을 줄 수 있어요. 밀가루와 액체가 혼합된 단계(Clean up)에서 실온에 둔 부드러운 버터를 넣어 반죽하세요.

5 이제 본격적인 손반죽에 들어가는데 우선 반죽을 양손으로 잡고 손빨래하듯 힘껏 치대세요.

6 반죽을 탁탁 소리 나게 바닥에 힘껏 내리치고

7 접는 등의 과정을 반죽이 신축성 있게 늘어날 때까지 반복하세요.

8 반죽 표면이 매끈해지고

9 반죽을 손으로 잡아 당겼을 때 쭉쭉 잘 늘어나는지 확인하세요.

1차 발효하기

1 반죽을 양손으로 감싸고 살살 돌려가며 한 덩어리로 뭉쳐요.

2 반죽을 볼에 담고 표면이 마르지 않게 비닐을 덮어요. 이스트가 숨 쉴 수 있게 끝을 살짝 열어놓거나, 구멍을 뚫어 1차 발효를 시키세요.

3 발효에 좋은 온도는 30℃ 정도이고 습도는 75~80%인데 가정에서는 이런 조건을 정확하게 맞추기 힘들어요. 한여름에는 실온에서 발효시키고 기온이 낮을 때는 따뜻한 물을 볼 아래 받쳐 발효시키세요.

4 또는 전자레인지에 반죽과 뜨거운 물을 함께 넣어 발효시키는 것도 좋아요. 물이 식으면 한두 번 정도 뜨거운 물을 갈아주세요.

1차 발효상태 확인하기

1 발효는 온도와 습도의 영향을 받기 때문에 발효에 걸리는 시간보다는 반죽이 얼마나 부풀었는지 부피를 보고 판단하세요. 처음 부피의 2.5~3배로 부풀었으면 1차 발효가 완성이에요.

2 손가락에 밀가루를 살짝 바르고 반죽을 눌러서 생기는 자국을 보고도 발효 상태를 판단할 수 있어요. 자국이 점점 줄어들면 발효가 부족한 것이고 자국이 커지면 발효가 지나치게 진행된 상태예요. 자국이 줄지도 늘어나지도 않으면 1차 발효가 제대로 진행된 걸로 판단하세요.

3 마지막으로 반죽을 잡아당겼을 때 바닥 부분에 거미줄처럼 생긴 섬유질이 형성돼 있는지 확인해보세요. 실처럼 쭉 늘어나는 섬유질이 촘촘하게 형성됐다면 1차 발효는 잘 진행된 거예요.

제빵기를 사용한 반죽과 발효

제빵기를 빵을 굽는 기계라고만 생각하는 경우가 많은데,
베이커들은 빵을 반죽하기 위해서 구입하는 경우가 더 많아요.
제빵기의 사용설명서를 참고하면 손쉽게 반죽과 1차 발효를 끝낼 수 있어요.

1 제빵기에 물과 우유, 식물성 오일 등 액체 재료를 먼저 넣고 소금과 설탕을 넣으세요.

2 밀가루를 담고 실온 상태의 버터를 한쪽 끝에 놓고 인스턴트이스트는 물에 닿지 않게 밀가루 위에 살포시 올린 다음 제빵기 메뉴얼에 따라 반죽해요. 간혹 반죽을 일반적인 경우보다 짧게 끝내야하는 경우에는 반죽 중간에 제빵기를 멈춰서 시간을 조절해요.

3 제빵기마다 약간의 차이는 있지만 반죽이 끝나면 자동으로 1차 발효에 들어가요. 이때 반죽을 꺼내서 볼에 담아 따로 발효시켜도 좋고 제빵기 안에서 그대로 발효시켜도 좋아요.

4 제빵기는 반죽과 발효시간이 정해져 있기 때문에 계절에 따라 1차 발효가 부족하다고 생각될 때가 있어요. 보통의 경우 제빵기는 발효가 끝나면 안에 장착된 날이 살짝 돌아가면서 반죽의 가스를 빼기 때문에 반죽이 어느 정도 부풀었는지 확인하기가 힘들어요. 발효에 설정된 시간이 끝나기 전에 전원을 끄면 반죽의 부피를 확인할 수 있어요. 만약 발효가 부족하다 생각되면 반죽을 제빵기 안에 조금 더 두고 처음 부피의 2.5~3배로 부풀었는지 확인하세요.

베이킹의 기본 테크닉

페이스트리 반죽하기

페이스트리는 반죽으로 유지를 감싸서 밀고 접는 과정을 반복해 구운 빵이나 과자예요.
종잇장처럼 얇은 반죽 사이에 버터의 층이 바삭한 결을 이루는 것이 특징이지요.
층층이 살아 있는 결을 만들려면 버터가 녹지 않게 차가운 온도에서 만드는 것이 중요해요.

재료

강력분 250g
박력분 50g
설탕 40g
소금 6g
인스턴트이스트 6g
달걀 1개
우유 70g
물 60g
버터 30g
충전용 버터 140g

Recipe

1 충전용 버터를 비닐팩이나 지퍼백에 담아 정사각형이 되도록 밀대로 밀어 모양을 잡고 냉장고에 넣어 두세요.

2 제빵기에 실온 상태의 물과 우유를 넣고 설탕, 소금, 밀가루, 달걀, 버터, 인스턴트이스트를 순서대로 넣어 반죽해요.

3 약 4~5분간 반죽기가 돌아가면 제빵기 전원을 끄고 반죽을 짧게 끝내세요.

4 반죽을 비닐에 싸서 냉장고에 30분 정도 넣어 휴지시켜요.

5 반죽이 바닥에 붙지 않게 덧밀가루를 뿌려가며 반죽을 사각형으로 밀고 1의 충전용 버터를 올리세요.

6 반죽의 네 모서리를 밀대로 길게 밀고

7 반죽을 당겨가며 버터를 감싸요.

8 네 모서리로 모두 반죽을 덮었으면 버터가 새지 않게 이음매를 잘 붙이세요.

9 밀대로 반죽을 꾹꾹 고르게 눌러 반죽 전체를 밀어 펴기 좋게 유연하게 만들어요.

10 덧밀가루를 충분히 뿌려가며 밀대로 반죽을 길게 밀고

11 붓으로 여분의 밀가루를 깨끗하게 털어요.

12 반죽의 한쪽 끝을 접고 바닥의 밀가루를 털어내고

13 다른 쪽 끝을 접어 반죽이 세 겹이 되게 만들고 나머지 밀가루를 털어내세요. 밀가루를 제대로 털지 않으면 페이스트리의 결이 나빠지고 딱딱해져요.

14 반죽을 비닐에 싸서 냉장고에 30분 정도 넣어 휴지시키고 다시 꺼내서 '밀기-세 겹으로 접기-냉장 휴지'시키는 **11~14**의 과정을 총 세 번 반복해요.

공립법으로 제누아즈 만들기

제누아즈는 케이크를 만들 때 기본이 되는 케이크 시트를 뜻하는 프랑스어로
달걀에 설탕을 섞어 충분히 거품을 내고 밀가루, 버터를 넣어 가볍게 구운 스펀지 케이크예요.
달걀흰자와 노른자를 함께 거품 내는 것을 공립법이라고 하는데 이때 달걀의 온도가
약 40℃ 정도로 따뜻해야 거품이 단단하게 잘 형성돼요.

재 료

박력분 90g
설탕 90g
달걀 3개
우유 10g
녹인 버터 20g

Recipe

1 틀에 유산지를 깔아요.

2 녹인 버터와 우유를 섞어 준비해요. 우유와 버터는 미지근한 상태가 좋아요.

3 볼에 달걀을 담고 거품기로 풀고

4 설탕을 넣어 저어요.

5 볼 아래에 따뜻한 물을 받치고 달걀과 설탕을 재빨리 섞어요.

6 핸드믹서를 고속에서 충분히 휘핑하고 마지막에는 1~2분간 저속으로 휘핑해서 커다란 기포를 제거해요.

7 약 10분 이상 핸드믹서를 돌리고 반죽을 떨어뜨렸을 때 거품 자국이 선명하게 남는지 확인하세요.

8 밀가루를 세 번 정도 체 쳐서 넣고

9 주걱으로 바닥을 훑어가며 거품이 꺼지지 않게 재빨리 섞어요.

10 반죽의 일부를 덜어 2의 버터와 우유가 혼합된 볼에 넣어 완전히 섞고

11 9의 반죽에 다시 부어

12 거품이 꺼지지 않게 재빨리 섞어 반죽을 완성하세요.

13 유산지를 깐 틀에 반죽을 담고 표면을 평평하게 정리하고 틀을 살짝 들어 바닥으로 두세 번 내리쳐서 기포를 제거해요.

14 160~165℃로 예열한 오븐에서 30~35분간 굽고 식힘망으로 옮겨 식히세요.

별립법으로 제누아즈 만들기

별립법은 달걀흰자와 노른자를 나눠서 거품을 낸 다음 다시 섞어 제누아즈를 굽는 방법을 말해요. 달걀흰자를 거품 내서 머랭을 만들 때 노른자가 조금이라도 들어가면 단단한 머랭이 만들어지지 않으니 흰자와 노른자를 정확하게 분리하세요. 또, 흰자는 차가워야 거품이 잘 생겨요.

재료

박력분 90g
설탕 90g
달걀 3개
녹인 버터 20g
럼 4g

Recipe

1 달걀노른자를 분리해서 볼에 담고 설탕의 반을 넣어 재빨리 섞어요. 설탕은 노른자와 흰자에 반반씩 들어가요.

2 달걀노른자가 미색의 단단한 거품이 될 때까지 충분히 거품을 내세요.

3 깨끗한 볼에 차가운 상태의 달걀흰자를 넣고 핸드믹서로 휘핑해서 어느 정도 가벼운 거품이 올라오면 남은 설탕을 두세 번 나눠 넣어가며 머랭을 만드세요.

4 머랭은 단단하면서 윤기가 돌고 뿔이 부드럽게 휘는 상태인지 확인하세요.

5 머랭의 1/3을 2의 달걀노른자 거품에 넣어 주걱으로 골고루 섞고

6 밀가루를 세 번 정도 체 쳐서 넣고 날가루가 보이지 않게 주걱으로 바닥을 훑어가며 잘 섞어요.

7 녹인 버터에 6의 반죽의 일부를 넣고 달걀 비린내가 나지 않게 럼을 넣어

8 주걱으로 덩어리지지 않게 골고루 섞어

9 다시 6의 반죽에 부어 완전히 섞어요.

10 남겨둔 머랭을 두 번에 나눠 넣어 섞는데

11 특히 마지막 머랭을 섞을 때는 거품이 꺼지지 않게 살살 저어 반죽을 완성하세요.

12 틀에 유산지를 깔고 반죽을 담고 표면을 평평하게 정리하세요. 그런 다음 틀을 살짝 들어 바닥으로 두세 번 내리쳐서 커다란 기포를 제거하세요.

13 160~165℃로 예열한 오븐에서 30~35분간 구우세요.

초코 제누아즈 만들기

초코 제누아즈는 밀가루에 코코아 파우더를 섞어 굽는데 앞에서 나온 공립법과 별립법 중 편한 방법으로 만드세요. 단, 밀가루와 코코아 파우더가 잘 섞이게 체를 여러 번 꼼꼼히 치는 게 중요해요.

재 료

박력분 80g
코코아 파우더 10g
설탕 90g
달걀 3개
녹인 버터 20g
베이킹파우더 1g

Recipe

1 볼에 달걀을 풀어 넣고 설탕을 넣어 재빨리 섞어요.

2 핸드믹서를 고속에서 10분 이상 충분히 휘핑하고 마지막 1~2분간은 저속으로 휘핑해서 커다란 기포를 제거하세요.

3 거품 자국이 선명하게 남아 쉽게 사라지지 않을 때까지 휘핑하세요.

4 밀가루, 코코아가루, 베이킹파우더를 세 번 정도 체 쳐서 넣고 주걱으로 바닥을 훑어가며 거품이 꺼지지 않게 재빨리 섞어요.

5 반죽의 일부를 녹인 버터와 잘 섞은 다음

6 다시 4의 반죽에 붓고

7 가볍게 섞어서 반죽을 완성하세요.

8 유산지를 깐 틀에 반죽을 담고 표면을 평평하게 하고

9 160~165℃로 예열한 오븐에서 30~35분간 구우세요.

프랑스식 머랭 만들기

프랑스식 머랭은 달걀흰자에 설탕을 넣어 그대로 휘핑해서 만드는 일반적인 머랭을 말해요.
달걀흰자와 설탕을 따로 가열하지 않기 때문에 주로 굽는 과자를 만들 때 이 방법을 이용해요.

재 료

달걀흰자 2개
설탕 100g

Recipe

1 깨끗한 볼에 차가운 상태의 달걀흰자를 담고 소량의 설탕을 조금 넣어요. 볼에 기름기가 있거나 노른자가 조금이라도 섞이면 단단한 머랭을 만들 수 없어요.

2 핸드믹서를 고속에 놓고 휘핑하세요.

3 하얀 거품이 올라오면 설탕을 두세 번에 나눠 넣고 휘핑하세요. 설탕은 머랭을 안정시키는 힘이 있어 단단한 머랭으로 만들어요.

4 머랭에 윤기가 돌고 단단한 느낌이 들 때까지 휘핑하고

5 거품을 들어 올렸을 때 끝 부분이 독수리 부리처럼 부드럽게 휘면 완성이에요.

이탤리언 머랭
만들기

이탤리언 머랭은 달걀흰자에 뜨거운 설탕 시럽을 부어 휘핑해서 만드는 머랭이에요.
비교적 단단하고 안정된 머랭으로 뜨거운 열을 받아 살균되었기 때문에
굽지 않는 무스나 크림에 직접 넣어 사용해요.

재 료

달걀흰자 2개
설탕 120g
물 40g

Recipe

1 깨끗한 볼에 차가운 상태의 달걀흰자를 담고 설탕을 조금 넣어 휘핑을 시작하세요.

2 이때 냄비에 설탕과 물을 넣어 불에 올리고 설탕이 충분히 녹을 때까지 시럽을 1~2분간 보글보글 충분히 끓이세요.

3 하얀 거품이 올라오면

4 팔팔 끓는 시럽을 조금씩 부어가며 휘핑하세요.

5 시럽이 들어가면 머랭의 부피가 커지면서 윤기가 돌고 단단한 느낌이 들어요.

6 머랭을 들어 올렸을 때 끝 부분이 독수리 부리처럼 부드럽게 휘는지 확인하세요.

생크림 휘핑하기

생크림은 동물성 생크림, 식물성 생크림, 동물성과 식물성이 혼합된 생크림으로 구분할 수 있어요.
유크림으로 만드는 동물성 생크림은 맛과 질이 뛰어나지만 비교적 안정성이 낮아
휘핑하면 쉽게 분리되고 유통기간이 짧은 단점이 있어요. 반면 식물성 생크림은
동물성 생크림보다 안정성이 높아 휘핑과 아이싱이 잘되지만 각종 첨가물을 넣어
만들었기 때문에 맛과 질이 떨어져요. 동물성과 식물성이 혼합된 생크림은
이 두 가지의 단점을 보완한 제품이지만 건강과 맛을 생각한다면
유크림 100%인 동물성 생크림을 사용하는 것이 가장 좋아요.

재 료

생크림 100g
설탕 10g
럼 3g

Recipe

1 더운 여름철에는 얼음물을 준비하고

2 볼을 얼음물에 담가 휘핑하세요. 생크림은 차가워야 거품이 잘 올라와요.

3 생크림에 설탕을 넣어 휘핑하세요. 설탕의 양은 10~15% 정도가 좋아요.

4 생크림에 럼을 비롯한 제과용 술을 넣으면 느끼한 맛을 잡아주고 맛과 향을 높여줘요.

5 크림이 매끄럽고 뾰족한 상태가 되면 휘핑을 끝내세요.

6 생크림을 지나치게 휘핑하면 유지가 분리되어 크림이 거칠어지니 주의하세요.

7 무스 케이크 등에 들어가는 생크림은 100% 휘핑하지 말고 주걱으로 들었을 때 뚝뚝 떨어지는 정도(50~70%)로만 휘핑하세요.

발효종 만들기

과일이나 곡물 등에서 얻는 천연효모. '르방'을 이용하면 이스트 없이도 빵을 만들 수 있어요.
르방을 이용한 천연 발효빵은 이스트를 넣은 빵에 비해 많은 시간과 정성이 들어가지만
발효력이 좋아 볼륨이 있고 깊은 풍미가 나는 건강빵이에요.
과일을 이용해서 천연효모를 만들 수 있는데 그중 건포도는 쉽게 구할 수 있고
발효력이 가장 안정적인 재료 중 하나예요. 이 밖에도 사과, 바나나, 무화과, 귤 등
천연효모를 만들 수 있는 재료는 무궁무진하답니다.

바나나 발효액 만들기

재 료

바나나 100g
물 200g
설탕 1g

Recipe

1 뜨거운 물에 담가 소독한 병에 바나나를 잘라 넣고 물과 설탕을 조금 넣어요.

2 바나나는 발효 속도가 빨라 2~3일이면 발효액이 완성돼요.

사과 발효액 만들기

재 료

사과 1개
물 200g
설탕 1g

Recipe

1 소독한 병에 사과를 잘라서 넣고 물과 설탕을 조금 넣어 발효액을 만들어요.

2 4~5일 정도 지나면 발효액이 완성돼요. 사과도 건포도처럼 발효력이 뛰어나서 많이 사용돼요.

재 료

건포도 100g
물 200g
설탕 1g

Recipe

1 잡균의 번식을 막기 위해서 병을 뜨거운 물에 담가 깨끗이 소독해요.

2 병에 건포도를 넣고

3 정수된 물을 넣으세요.

4 설탕을 조금 넣어요. 설탕은 효모의 증식을 도와주는데 설탕 대신 꿀을 넣어도 좋아요.

5 뚜껑을 덮고 4~5일간 25~26℃ 정도의 실온에 두세요. 하루에 한 번씩 신선한 공기가 들어가게 뚜껑을 열고 건포도가 마르지 않게 가끔 흔들어주세요.

6 기포가 조금씩 생기다가 건포도가 위로 떠오르고

7 뚜껑을 열었을 때 샴페인을 딸 때처럼 '펑' 하는 소리가 나면 완성이에요. 만약 좋지 않은 냄새가 난다면 이미 잡균이 번식했다는 증거이므로 과감하게 버리세요.

8 건포도는 체에 거르고 즙을 꼭 짜고

9 발효액만 사용해요. 발효액은 냉장실에서 일주일 정도 보관 가능해요.

여러 가지 베이킹 재료 만들기

커스터드 크림 만들기

커스터드 크림은 우유와 달걀노른자 등을 끓여 만든 크림으로 슈에 들어가는 크림이라 슈크림이라고도 불러요. 잘못 만들면 달걀 비린내가 날 수 있으니 신선한 달걀을 쓰고 우유에 바닐라빈을 넣어 끓이거나 바닐라액을 넣어 향긋한 크림으로 만드세요.

재 료

우유 220g

달걀노른자 2개

설탕 50g

전분 20g

버터 10g

바닐라액 6g

바닐라빈 1/2개

Recipe

1 우유에 바닐라빈을 길게 잘라 넣어 끓기 직전까지 뜨겁게 데우고 5분 정도 그대로 뒀다가 바닐라빈은 씨를 긁어 넣고 껍질은 빼요.

2 볼에 달걀노른자를 담아 설탕을 섞고

3 전분이나 박력분을 넣어 골고루 섞으세요.

4 1의 우유를 조금씩 부어가며

5 거품기로 골고루 섞으세요.

6 바닥이 두꺼운 냄비에 반죽을 담고 계속 저어가며 되직하게 끓이고

7 뜨거울 때 버터를 넣어 섞어요.

8 크림이 미지근하게 식으면 바닐라액을 넣으세요.

9 커스터드 크림을 용기에 담고 표면이 마르지 않게 랩을 씌워 밀착시켜요.

부드러운 버터에 이탤리언 머랭을 넣어 만든 버터크림은 빵이나 과자의 샌드 크림이나
케이크의 장식용 크림으로 사용해요. 바닐라액이나 제과용 술을 넣으면 느끼한 맛이 줄어
훨씬 맛있는 크림이 완성돼요.

재 료

버터 300g
달걀흰자 2개
설탕 120g
물 40g
바닐라액 10g

Recipe

1 실온에 둔 부드러운 버터를 핸드믹서로 1~2분간 휘핑하세요.

2 냄비에 설탕과 물을 넣어 불에 올리고 설탕이 충분히 녹을 때까지 시럽을 1~2분간 보글보글 충분히 끓여요.

3 냄비를 불에 올리고 바로 딜걀흰자를 깨끗한 볼에 담아 휘핑을 시작하세요.

4 하얀 거품이 올라오면 2의 팔팔 끓인 시럽을 조금씩 부어가며 휘핑하세요.

5 단단하며 윤기가 돌고 끝 부분이 독수리 부리처럼 부드럽게 휘는 이탤리언 머랭을 만드세요.

6 1의 버터크림에 머랭을 조금씩 넣어가며 충분히 휘핑하고

7 바닐라액을 넣어 버터크림을 완성하세요.

피자소스 만들기

올리브유에 다진 마늘과 다진 양파를 넣어 볶다가 토마토 페이스트 등을 넣어 만드는 피자소스에는 오레가노 등의 허브가루가 들어가야 제맛이 나요. 소스의 농도는 되직해야 피자를 구워도 토핑이 흘러내지 않아요. 넉넉히 만들어두고 필요할 때마다 편리하게 사용하세요.

재료

다진 마늘 1큰술
다진 양파 1큰술
토마토 페이스트 1큰술
케첩 1작은술
올리브유 1큰술
소금 · 후춧가루 · 허브가루
(오레가노, 바질) 약간씩

Recipe

1 팬에 올리브유를 두르고 다진 마늘과 다진 양파를 넣어 볶다가

2 토마토 페이스트를 넣고 섞어요.

3 케첩을 넣고 소금과 후춧가루로 간을 맞추고

4 허브가루를 넣어요.

5 소스가 되직해지면 완성이에요.

집에서 직접 단팥 앙금을 만들면 당도를 조절할 수 있고 질 좋은 팥을 쓸 수 있어 좋아요.
팥을 물에 담가 불린 다음 처음 끓일 때 끓어오른 물은 버리고 찬물을 부어 다시 끓이면 팥의 떫은맛
을 제거 할 수 있는데 두 번 정도 물을 갈아주면 좋아요. 또, 설탕의 양을 지나치게 줄이면
단팥 앙금이 쉽게 상하고 퍽퍽해질 수 있어요.

재 료

팥 500g
설탕 500g
소금 2g

Recipe

1 팥을 깨끗이 씻어 물을 붓고 12시간 정도 불리세요.

2 팥에 물을 넉넉히 붓고 불에 올려 팔팔 끓이세요. 팥이 끓어오르면 물을 버리고 찬물을 부어 다시 끓여요.

3 중간에 찬물을 보충하며 팥이 완전히 물러질 때까지 푹 끓여요.

4 물이 졸면 설탕과 소금을 넣고 골고루 저어요.

5 다시 불에 올려 끓이는데 설탕이 녹아 물이 많아지면 끓여가면서 농도를 조절하세요.

6 팥이 식으면 수분이 줄어 딱딱해질 수 있으니 단팥 앙금이 부드러운 상태가 될 때까지 졸여요.

스트로젤 만들기

재료

박력분 100g
설탕 50g
버터 50g

Recipe

1 실온에 둔 부드러운 버터에 설탕을 넣어 섞고

2 밀가루를 체 쳐서 넣어요.

3 손으로 살짝 비비거나 거품기로 가볍게 섞어 소보루 상태의 스트로젤을 만들어요.

가나슈 만들기

재료

다크 초콜릿 180g
생크림 100g
버터 10g
럼 5g

Recipe

1 냄비에 생크림을 담고 불에 올리세요.

2 생크림이 끓으면 불에서 내리고 초콜릿을 넣고 젓지 말고 그대로 잠시 두세요.

3 생크림이 식어 따뜻해지면 주걱으로 천천히 저어가며 초콜릿과 생크림을 완전히 섞으세요.

4 실온에 둔 부드러운 버터를 넣어 섞고

5 럼이나 제과용 술을 섞어 가나슈를 완성해요.

바닐라액 만들기

천연 바닐라액은 만들려면 오랜 시간이 걸리지만 한 번 만들어 두면 오랫동안 유용하게 쓸 수 있어요.
바닐라액은 빵과 과자 등의 달걀 비린내나 재료의 안 좋은 냄새를 잡아 맛과 향을 한층 끌어올려요.
달걀이나 버터, 유제품이 들어가는 빵이나 과자 등에 넣으면 좋고 특히 무스 케이크나
아이스크림을 만들 때는 필수적인 재료예요.

재 료

보드카(또는 럼) 200ml
바닐라빈 3~4개

Recipe

1 바닐라빈은 꼭지를 자르고 세로로 길게 잘라 씨가 보이게 손으로 벌려요.

2 병에 바닐라빈을 담고

3 보드카나 럼을 바닐라빈이 잠기게 부어요.

4 병뚜껑을 닫고 시원하고 어두운 곳에 두어 숙성시켜요.

5 가끔 병을 흔들어주세요. 2~3주 정도 숙성된 모습이에요.

6 색이 짙어지면 사용할 수 있는데 6개월 정도 숙성된 모습이에요.

Part 1.
우리에게 친숙한 자타공인 베스트 브레드
베이커리 명예의 전당

001 호두 호밀빵

002 리얼 바게트

003 파머스 브레드

004 감자빵

005 호밀 식빵

006 생크림 식빵

007 풀먼 브레드

008 밤 식빵

009 카레빵

010 베이컨 브레드

011 바게트 소시지빵

012 베이컨말이 소시지빵

013 소시지 야채빵

014 감자 치즈빵

015 양파빵

016 참치빵

017 딸기 버터그림빵

018 시나몬 롤

019 호두 크림빵

020 호두 크림치즈빵

021 생크림 소보로빵

022 미니 단팥빵

023 꽈배기 도넛

024 모닝빵

025 얼 그레이 마들렌

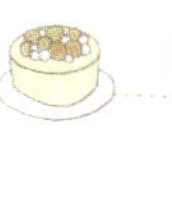

레몬 마들렌

브라우니

오렌지 스틱

고구마 케이크

생크림 케이크

치즈케이크

녹차 카스텔라

생크림 롤케이크

단호박 파운드케이크

블루베리 머핀

초코 머핀

호두 케이크

산딸기 미니 케이크

베이비 슈

초코칩 쿠키

크랜베리 쿠키

코코넛 아몬드쿠키

너트 쿠키

초콜릿 토핑 쿠키

누가 쿠키

립파이

호두파이

미니 크루아상

찰떡 머핀

호두과자

초코 케이크 도넛

고 소 함 의　절 정

호두 호밀빵

호밀빵은 호밀가루로 만든 독일의 전통빵이에요.
밀가루로 만든 빵에 비해 섬유소도 풍부하고 소화도 잘돼요.
호밀가루에 호두를 넣어 고소함도 더했답니다.
그냥 먹어도 맛있지만 버터나 과일잼을 발라 먹으면 더 맛있어요.

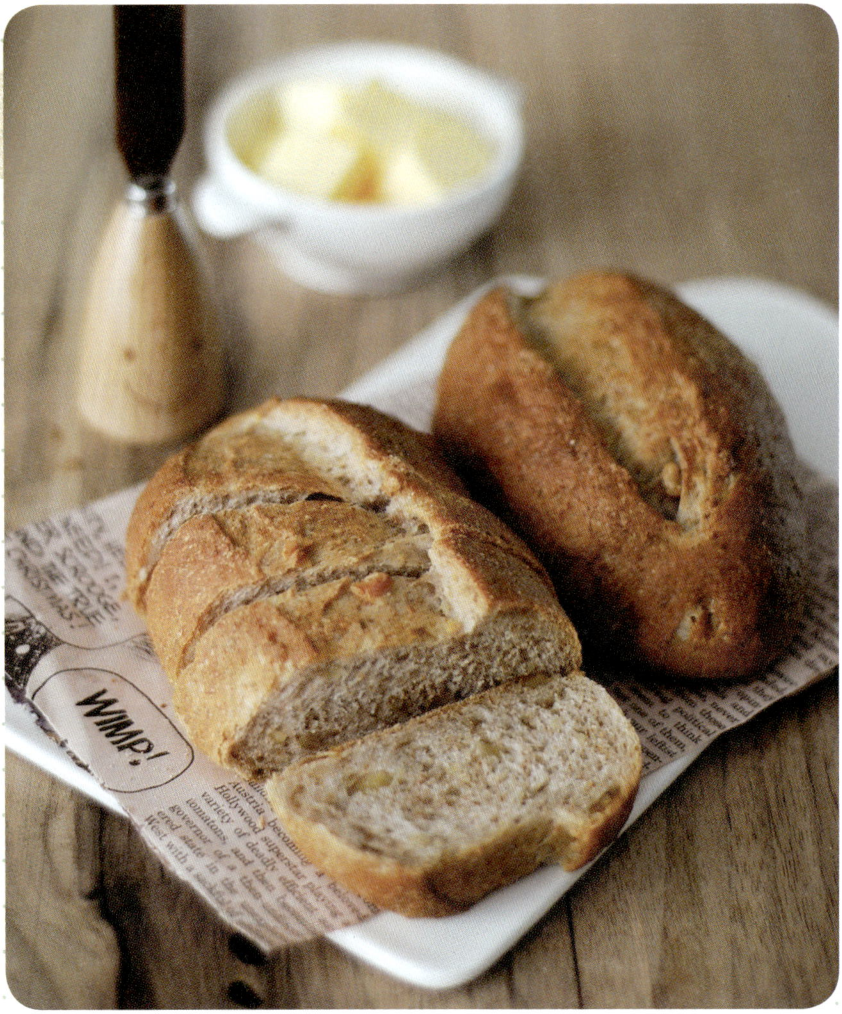

재 료

강력분 220g

호밀가루 80g

황설탕 20g

소금 6g

인스턴트이스트 6g

우유 60g

물 130g

포도씨유 20g

호두 70g

R e c i p e

1 호두는 180℃로 예열한 오븐에서 5~6분간 굽거나 팬에 살짝 볶아서 칼을 이용해 적당한 크기로 다져요.

2 제빵기에 미지근하게 데운 우유, 물, 포도씨유, 황설탕, 소금, 강력분, 호밀가루, 이스트를 순서대로 넣어 반죽해요.

3 제빵기의 사용설명서에 따라 1차 발효까지 끝내고

4 반죽을 5등분으로 나누어요. 표면이 매끄럽도록 둥글리고 비닐을 덮어 10~15분간 중간 발효를 시켜요.

5 반죽이 바닥에 붙지 않게 덧밀가루를 조금씩 뿌려가며 밀대로 타원형이 되도록 가볍게 밀어서

6 돌돌 말아 이음매를 꼬집듯이 붙이세요.

7 캔버스천에 덧밀가루를 뿌리고 반죽을 놓은 다음, 비닐을 덮어 60분간 2차 발효를 시키고

8 발효가 끝나면 반죽 표면이 마르도록 3분 정도 두었다가 칼날을 살짝 뉘어서 칼집을 넣어요.

9 반죽에 스프레이로 물을 듬뿍 뿌리고 200~210℃로 예열한 오븐에서 20분 정도 색을 보아가며 구우세요.

씹을수록 고소하고 담백한 맛
리얼 바게트

베이커리에서 언제든 볼 수 있는 빵, 바게트.
빵을 만들기 위한 가장 기본적인 재료인 밀가루, 물, 소금, 이스트가
재료의 전부인 바게트는 씹으면 씹을수록 고소하고 담백해요.
그 맛에 반해서 바게트를 즐겨 드시는 분들도 많지요.

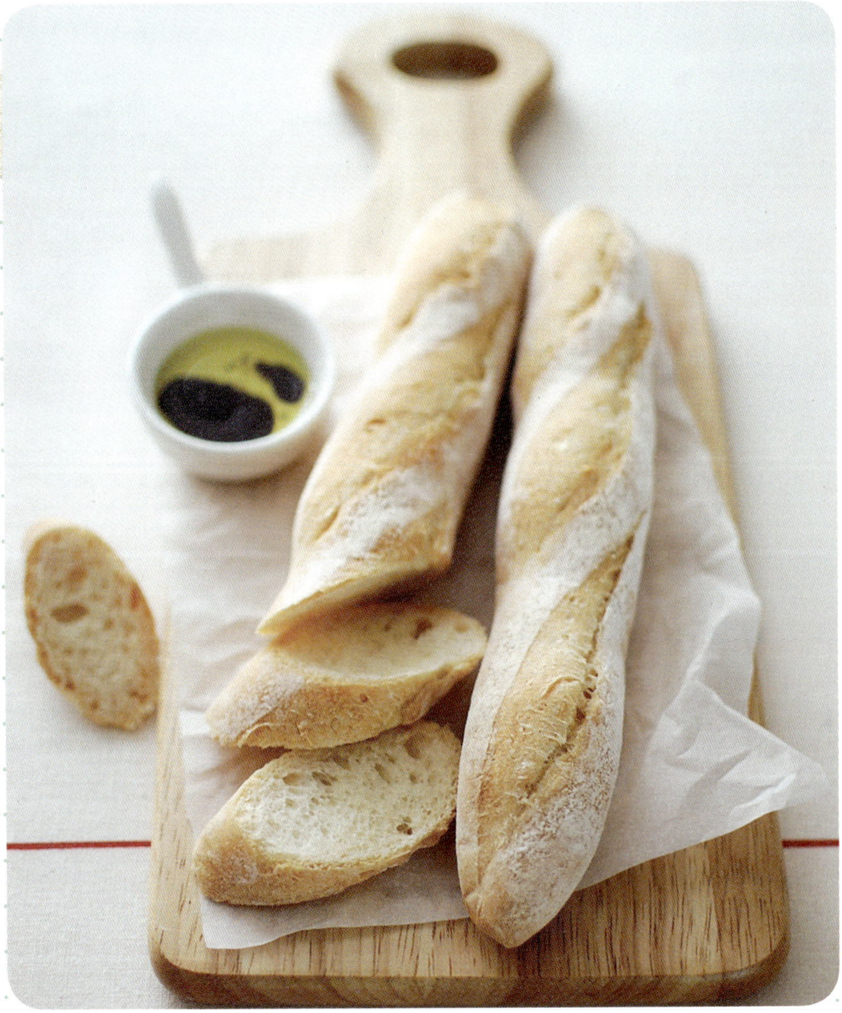

3개 분량

강력분 300g
소금 6g
인스턴트이스트 4g
물 185g

R e c i p e

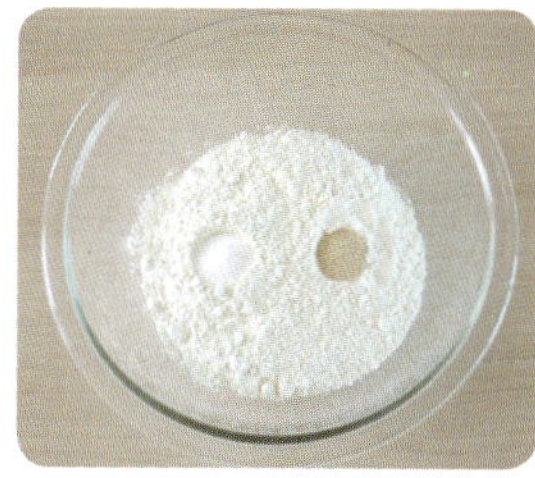

1 강력분 위에 소금, 이스트를 서로 닿지 않게 담고

2 물을 넣어 주걱으로 가볍게 섞으세요.

3 손으로 반죽하는데 손빨래하듯 양손으로 반죽을 잡고 비비면 반죽이 잘돼요.

4 반죽 표면이 매끈해질 때까지 충분히 반죽하고

5 반죽을 한 덩어리로 뭉쳐 비닐을 덮고 따뜻한 곳에서 1차 발효를 시켜요.

6 처음 부피의 2.5~3배로 부풀 때까지 60~90분간 두고

7 반죽을 3등분해서 둥글리고 비닐을 덮어 20~30분간 중간 발효를 시켜요.

8 반죽이 바닥에 붙지 않게 덧밀가루를 조금씩 뿌려가며 손바닥으로 눌러 타원형으로 만드세요.

9 반죽을 돌돌 말아서

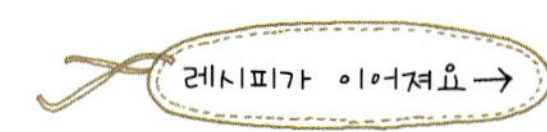

레시피가 이어져요→

  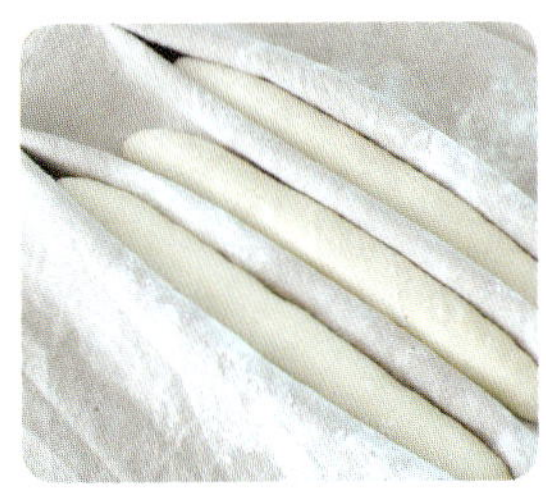

10 이음매를 꼬집듯이 붙여 막대 모양으로 만드세요.

11 반죽을 양손으로 굴려가며 길이를 늘여요.

12 캔버스천에 덧밀가루를 뿌리고 반죽을 놓고

13 비닐을 덮어 약 60분간 2차 발효를 시키고

14 반죽을 틀로 옮기고 표면이 마르도록 3분 정도 두세요. 반죽 위에 밀가루를 살짝 뿌리고 칼날을 뉘어서 칼집을 길게 넣어요.

15 220℃로 예열한 오븐 안에 스프레이로 물을 재빨리 뿌리고 반죽을 넣은 다음, 오븐 온도를 200~210℃로 낮춰 20~25분간 색을 보아가며 구우세요.

003

아 기 볼 처 럼 빵 빵 해

파머스 브레드

통밀을 넣어 구수한 시골 농부의 빵 같은 파머스 브레드는
모양이 담배주머니를 닮아 '타바티에르'라고도 부른답니다.
아기 볼처럼 빵빵하게 부풀어 무척 귀엽죠?
모양도 귀엽지만 들어가는 재료 또한 건강하고 착한 빵이에요.

건강빵

재료

강력분 250g
통밀가루 50g
소금 6g
인스턴트이스트 3g
물 185g

Recipe

1 볼에 강력분과 통밀가루를 담고 소금, 이스트를 서로 닿지 않게 올려 골고루 섞고

2 미지근하게 데운 물을 넣어

3 주걱으로 적당하게 섞어요.

4 반죽 표면이 매끈해지게 약 10분간 반죽하고

5 반죽을 한 덩어리로 뭉쳐 비닐을 덮고

6 처음 부피의 2.5~3배로 부풀 때까지 60~90분간 1차 발효를 시켜요.

7 반죽을 6등분으로 나눠서 둥글리고 바닥에 덧밀가루를 충분히 뿌려 반죽이 서로 달라붙지 않게 일정한 간격을 두고 놓아요. 비닐을 덮어 20~25분간 중간 발효를 시키고

8 가스가 빠지지 않게 반죽을 조심스럽게 작업대 위에 올려요.

9 반죽의 1/3 지점을 밀대로 누르고

10 얇게 밀어서 펴요.

11 밀어놓은 반죽 위에 물을 바르고

12 나머지 부분 위에 접어서 덮어요.

13 반죽을 팬에 놓고 통밀가루를 표면에 뿌리고

14 비닐을 덮어 40~50분간 2차 발효를 시켜요.

15 200~210℃로 예열한 오븐에서 15~18분간 구우세요.

004

할머니의 손맛을 닮은

감자빵

담백한 반죽에 익힌 감자를 넣어 구운 감자빵은
시골 할머니가 간식으로 쪄주는 감자와 닮은 소박한 빵이에요.
빵 위에 토핑으로 뿌린 굵은소금의 짭조름한 맛은
밋밋한 감자의 맛을 살려주는 역할을 톡톡히 해내요.

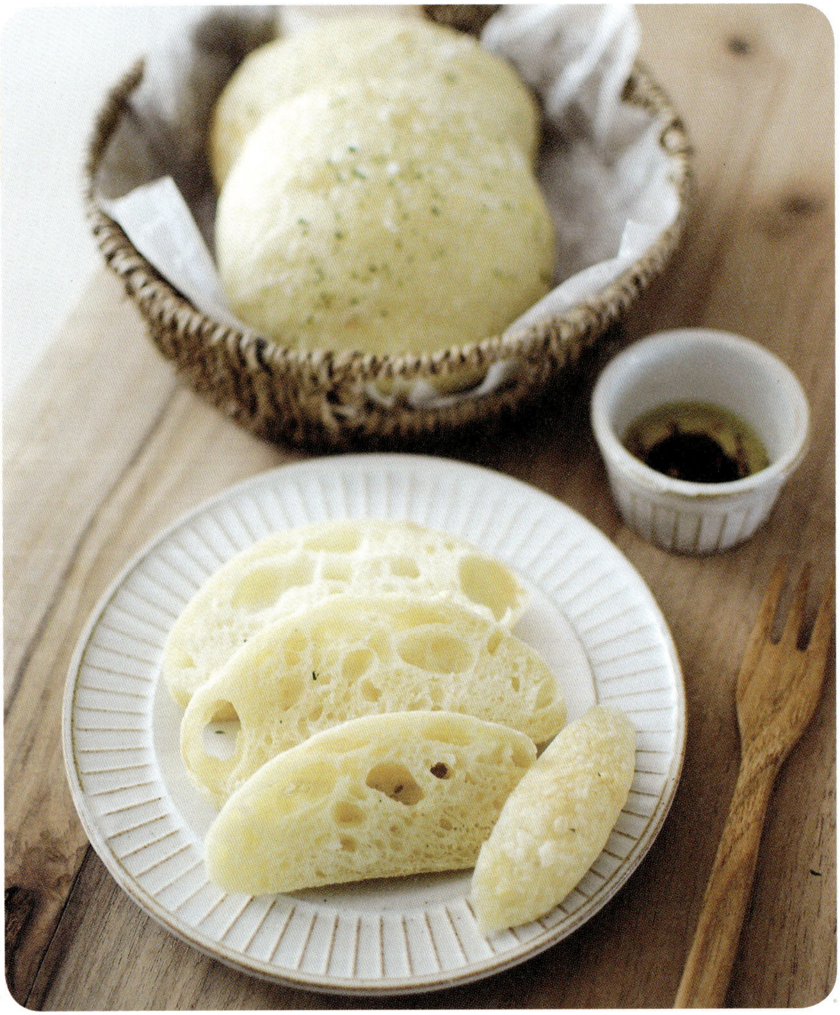

재료 
5개 분량

강력분 300g
소금 6g
인스턴트이스트 4g
물 200~210g
올리브유 30g
감자 200g

토핑

소금 · 파슬리가루 약간씩
올리브유 적당량

내복곰의 친절한 팁

빵 반죽의 발효는 온도와 습도의 영향을 많이 받기 때문에 시간보다는 발효 상태를 보고 판단하는 게 좋아요. 제빵기는 발효 시간이 정해져 있기 때문에 발효가 충분하지 않다고 생각되면 제빵기 전원을 끄고 반죽을 조금 더 발효시켜서 만드세요.

1 감자는 껍질을 벗기고 깍둑썰어 전자레인지에서 4~5분간 익혀요.

2 제빵기에 물, 올리브유, 소금, 강력분, 이스트와 1의 감자를 모두 넣고

3 반죽하세요. 반죽이 조금 진 편이에요.

4 제빵기에서 1차 발효까지 끝내고

5 덧밀가루를 뿌려가며 반죽을 5등분으로 나누어요.

6 반죽을 둥글려서 팬에 놓고 비닐을 덮어 2차 발효를 시켜요.

7 50~60분간 충분히 발효시키고

8 올리브유를 바르고 굵은 소금과 파슬리가루를 살짝 뿌려요.

9 195~200℃로 예열한 오븐에서 15~18분간 구우세요.

담백한 빵이 생각날 땐

호밀 식빵

호밀은 밥이나 빵에 넣지 않고서는 잘 안 먹게 되는 곡물이지만
건강에는 무척 좋아요. 샌드위치나 잼을 발라 먹을 식빵이라면
밀가루에 호밀을 섞어 건강한 빵으로 만들어보세요.
밥에 섞인 잡곡을 싫어하는 아이들도 맛있게 잘 먹는답니다.

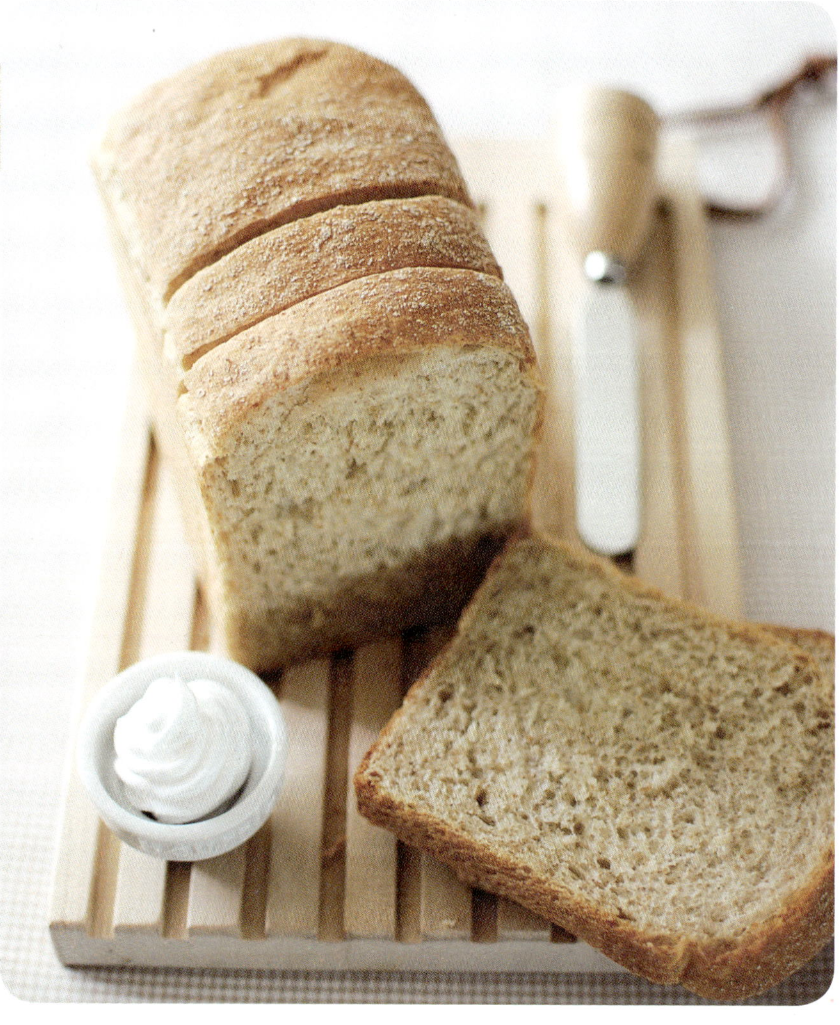

15.5×9×9cm
식빵틀 1개 분량

강력분 150g

호밀가루 50g

설탕 10g

소금 4g

인스턴트이스트 4g

물 130g

올리브유 15g

내복곰의 친절한 팁

이스트가 들어간 반죽을 오븐에 구우면 빵이 부푸는데 이것을 오븐 스프링이라고 해요. 호밀이나 통밀 등의 잡곡이 들어간 빵은 밀가루로만 반죽한 빵보다 오븐 스프링이 약해서 많이 부풀지 않아요. 밀가루빵보다 2차 발효를 더 충분히 해야 볼륨감 있는 빵을 완성할 수 있답니다.

Recipe

1 제빵기에 미지근하게 데운 물, 올리브유, 설탕, 소금, 강력분, 호밀가루, 이스트를 순서대로 넣어 반죽하고

2 제빵기의 사용설명서에 따라 1차 발효까지 끝내세요.

3 반죽을 둥글리고 비닐을 덮어 10~15분간 중간 발효를 시켜요.

4 반죽의 폭이 넓어지지 않게 주의하며 밀대로 길게 밀고

5 끝부분을 돌돌 말아서

6 끝을 꼬집듯 붙이세요.

7 반죽의 이음매가 바닥으로 가도록 식빵틀에 담고 비닐을 덮어

8 반죽의 가장 높은 부분이 식빵틀보다 1.5~2cm 높게 부풀 때까지 2차 발효를 시켜요.

9 180℃로 예열한 오븐에서 20~25분간 구우세요.

속 살 이   촉 촉 해

생크림 식빵

속살이 촉촉하고 부드러운 생크림 식빵!
생크림 식빵은 케이크 등을 만들고 남은 생크림을 활용하여 만들면 딱 좋은 빵이지요.
애매하게 남아 처치 곤란한 생크림이 있다면 생크림 식빵을 만들거나
크림 파스타나 캐러멜 시럽, 아이들이 좋아하는 아이스크림을 만들 때 활용해보세요.

22×10×9cm
식빵틀 1개 분량

강력분 300g
설탕 20g
소금 5g
인스턴트이스트 6g
생크림 70g
물 130~140g
버터 15g

마무리(달걀물)
달걀 10g
우유 20g

Recipe

자세한 반죽과 발효는 17쪽을 참고하세요.

1 제빵기에 미지근하게 데운 물, 생크림, 설탕, 소금, 강력분, 버터, 이스트를 순서대로 넣어 반죽하고

2 제빵기 안에서 1차 발효까지 끝내세요.

3 반죽을 3등분해서 둥글리고 비닐을 덮어 10~15분간 중간 발효를 시켜요.

4 반죽을 밀대로 길게 밀고

5 반죽의 양쪽 끝을 접어 포개요.

6 반죽을 돌돌 말아 끝을 꼬집듯 붙여 원통 모양으로 만들고

7 이음매가 바닥으로 가도록 식빵틀에 담고 비닐을 덮어 2차 발효를 시켜요.

8 반죽의 가장 높은 부분이 식빵틀보다 1~1.5cm 높게 부풀면

9 180℃로 예열한 오븐에서 25~30분간 굽고 오븐에서 바로 꺼낸 뜨거운 빵에 달걀물을 재빨리 바르세요.

Plus Recipe
생크림 식빵으로 만든
크로크 무슈

프랑스에서 아침 식사로 사랑받고 있는 크로크 무슈는
식빵에 생크림으로 만든 베사멜 소스를 바르고
햄과 치즈를 올려 구운 토스트랍니다.
우리나라에서는 카페 브런치 메뉴로 인기 있답니다.

재 료 (6개 분량)

생크림 식빵 6장
슬라이스 햄 6장
치즈 6장
모차렐라 치즈 60g
파슬리가루 약간

베사멜 소스
우유 90g
생크림 50g
밀가루 15g
버터 15g
소금 · 후춧가루 약간씩

Recipe

1 불에 냄비를 올려 버터를 넣고 버터가 녹으면 밀가루를 넣어 볶고

2 우유와 생크림을 조금씩 붓고 주걱으로 저어가며 걸쭉하게 끓이고 소금과 후춧가루를 살짝 뿌려 간해서 베사멜 소스를 만들어요.

3 식빵에 소스를 바르고

4 슬라이스 햄, 치즈를 올리고 모차렐라 치즈와 파슬리가루를 뿌려 200℃로 예열한 오븐에서 윗면이 노릇노릇하게 10분간 구우세요.

베이커리 식빵을 내 손으로

풀먼 브레드

풀먼 브레드는 식빵틀에 뚜껑을 씌워 구운
네모난 모양의 미국식 샌드위치 식빵이에요.
19세기 후반 미국의 발명가 조지 풀먼이 기차의 객차 모양을 본떠 만들어서
풀먼 브레드라고 부른답니다. 담백하고 부드러운 식빵의 대명사지요.

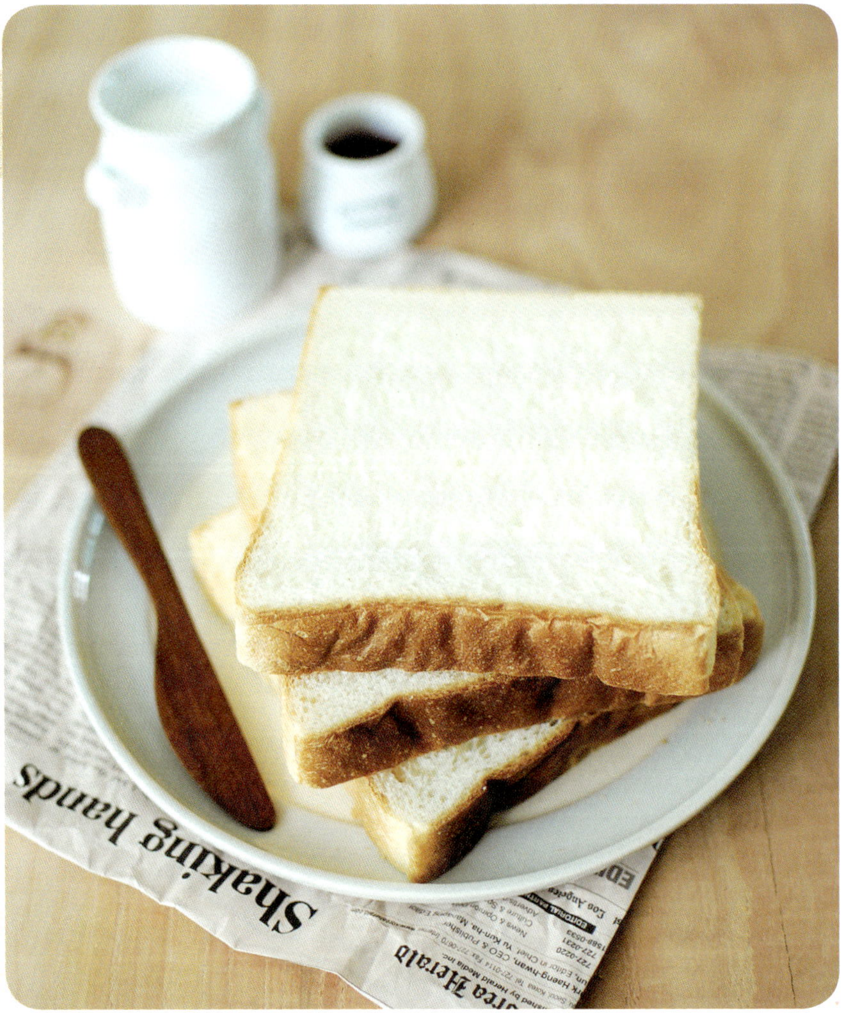

풀먼 식빵틀 1개 분량

강력분 350g
설탕 20g
소금 6g
인스턴트이스트 7g
우유 110g
물 110~120g
버터 15g

Recipe

반죽과 1차 발효는 17쪽을 참고하세요.

1 제빵기에 미지근하게 데운 우유, 물, 설탕, 소금, 강력분, 버터, 이스트를 순서대로 넣어 반죽하고 1차 발효까지 끝내세요.

2 반죽을 2등분해서 둥글리고 비닐을 덮어 10~15분간 중간 발효를 시켜요.

3 반죽을 밀대로 길게 밀어 한쪽 끝을 접고

4 다른 쪽 끝을 접어 포개요.

5 끝을 돌돌 말아 올려

6 꼬집듯 붙여 원통 모양으로 만들어요.

7 반죽의 이음매가 바닥으로 가도록 식빵틀에 담고 비닐을 덮어 2차 발효를 시켜요.

8 반죽이 뚜껑에 닿기 직전까지 부풀면 뚜껑을 덮어 2~3분간 그대로 두고

9 180℃로 예열한 오븐에서 25~30분간 구우세요.

풀먼 브레드로 만든

허니 브레드 토스트

허니 브레드 토스트는 식빵을 두툼하게 자르고 부드러운 빵 속에
꿀을 촉촉이 스며들게 뿌린 다음 버터를 발라 구워낸
달콤하고 맛있는 토스트예요. 생크림과 상큼한 과일을 토핑으로 얹으면
카페에서 파는 인기 있는 디저트 완성!

재 료

풀먼 브레드 1/4조각
꿀 30g
버터 20g
설탕 · 계핏가루 약간씩

토핑과 마무리
휘핑한 생크림 · 과일 · 꿀
약간씩

Recipe

1 식빵을 두툼하게 잘라서

2 꿀이 잘 스며들도록 빵 속에 칼집을 내고

3 빵 위에 꿀을 뿌려요.

4 버터를 두껍게 바르고

5 설탕과 계핏가루를 살짝 뿌려요.

6 180~190℃로 예열한 오븐에서 8~10분간 표면이 노릇노릇해질 때까지 굽고 생크림과 과일을 올리고 꿀을 뿌려 마무리하세요.

밍밍한 식빵 대신

밤 식빵

얇게 밀어 펼친 식빵 반죽에 아몬드 크림을 바른 다음
달콤하게 조린 밤을 올리고 토핑으로 스트로젤을 솔솔 뿌린 밤 식빵!
흔히 먹는 밍밍한 식빵 대신 특별한 식빵을 만나보고 싶으세요?
그렇다면 밤 식빵을 만들어보세요.

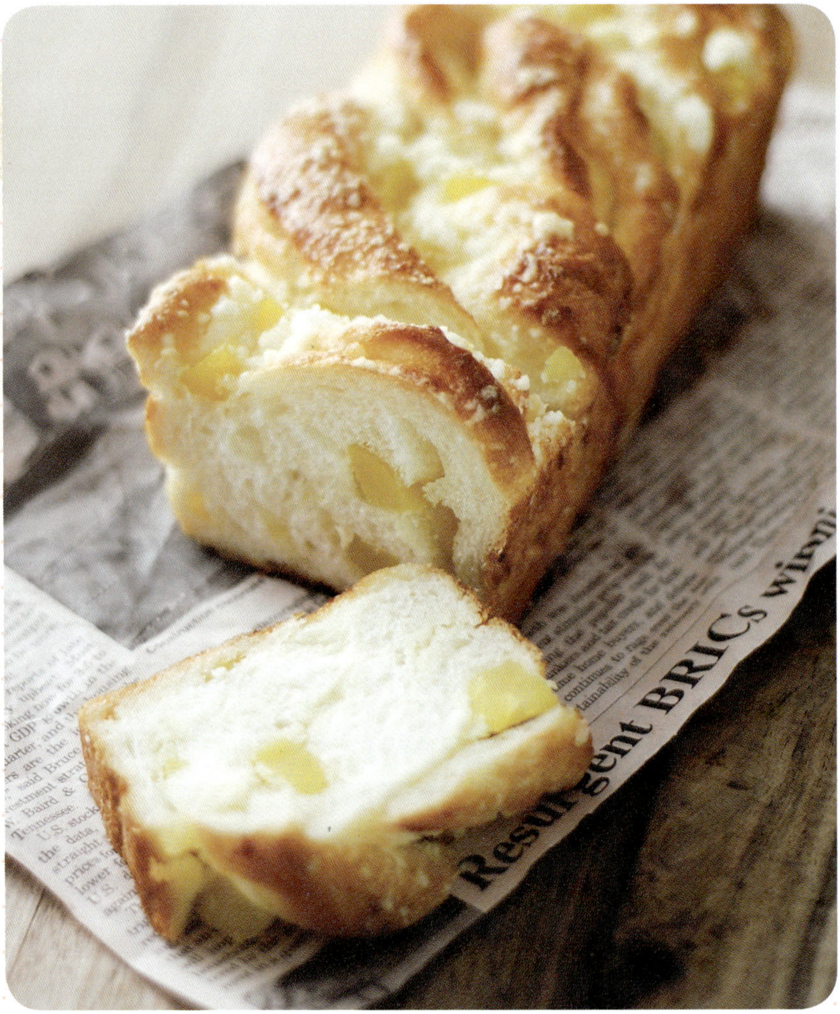

재 료

강력분 150g
설탕 20g
소금 3g
인스턴트이스트 3g
우유 50g
물 50g
버터 15g

아몬드 크림

아몬드가루 50g
슈거 파우더 40g
달걀 1/2개
버터 40g
럼 4g

속 재료

통조림 밤 70g

토핑

스트로젤 20g

Recipe

1 통조림 밤은 물기를 제거하고 적당한 크기로 자르세요.

2 실온에 둔 말랑말랑한 버터에 슈거 파우더를 넣어 부드럽게 섞은 다음, 달걀을 넣고 크림 상태가 되도록 저으세요.

3 아몬드가루를 넣어 주걱으로 섞고

4 럼을 넣어 아몬드 크림을 완성해요.

5 제빵기에 미지근하게 데운 우유, 물, 설탕, 소금, 강력분, 버터, 이스트를 순서대로 넣어 반죽하고

6 제빵기에서 1차 발효까지 끝내고

7 반죽을 둥글리고 비닐을 덮어 10~15분간 중간 발효를 시켜요.

8 반죽을 밀대로 밀어 약 28×25cm 크기의 직사각형으로 밀고

9 주걱으로 아몬드 크림을 고르게 바른 다음

10 아몬드 크림 위에 잘라놓은 밤을 골고루 올려요.

11 반죽을 돌돌 말아 끝부분을 꼬집듯 붙이고

12 반죽의 끝부분을 조금 남기고 가운데를 세로로 자른 다음

13 안쪽의 아몬드 크림이 나오지 않게 조심스럽게 꽈주세요.

14 사각틀에 반죽을 담고 스트로젤을 골고루 뿌린 다음, 비닐을 덮어

15 반죽이 틀보다 1cm 정도 높게 부풀 때까지 2차 발효를 시켜요.

16 180℃로 예열한 오븐에서 20~25분간 구우세요.

카 레 향 이 코끝을 간 질 간 질

카레빵

베이커리표 카레빵은 기름에 튀겨 도넛으로 판매하는 경우가 많아요.
홈메이드 카레빵을 만들 때는 2차 발효를 짧게 하고
180~185℃의 튀김기름에 튀겨 도넛으로 만들어도 좋고,
오븐에 담백하게 구워도 훌륭하답니다.

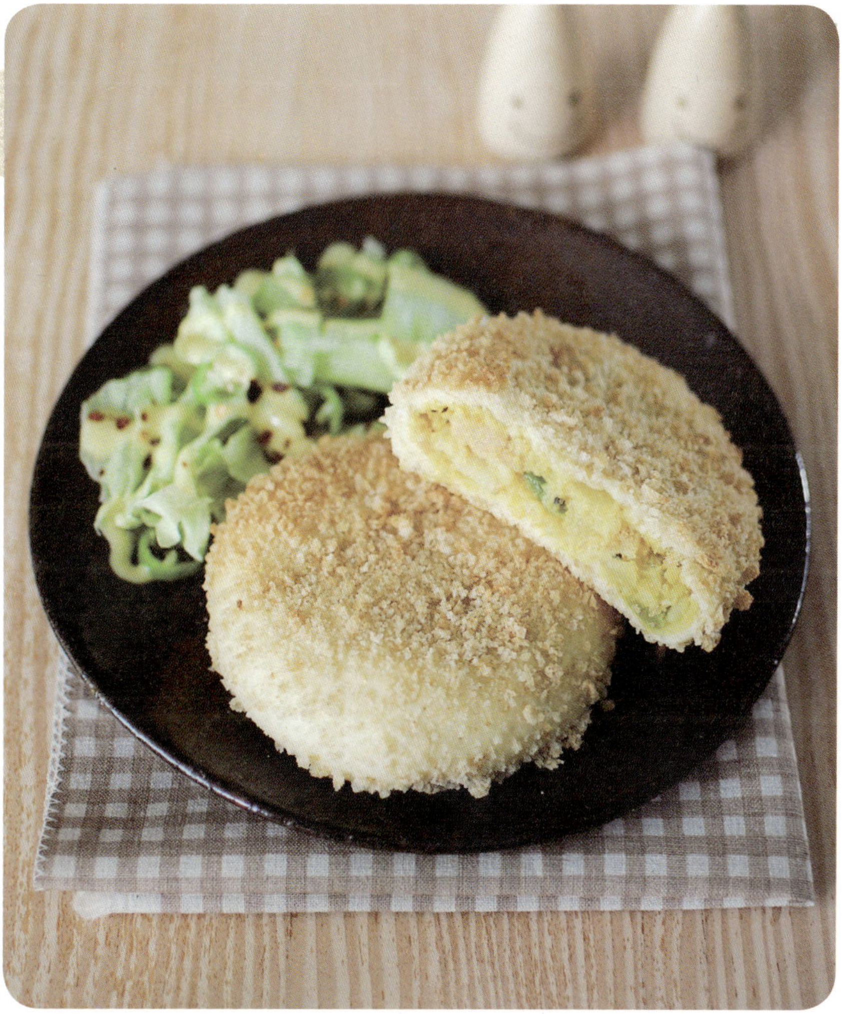

재 료

강력분 250g
설탕 30g
소금 4g
인스턴트이스트 5g
달걀 1개
물 100~110g
버터 30g

속 재료

감자 3개
양파 1개
피망 1개
베이컨 5장
파르메산 치즈 20g
카레가루 20g
올리브유 적당량
소금 · 후춧가루 약간씩

토핑

빵가루 100g

Recipe

1 감자는 껍질을 벗기고 큼직하게 썰어 냄비에 담고 물을 2/3 정도 부어 푹 삶아

2 뜨거울 때 곱게 으깨요.

3 양파, 피망, 베이컨을 잘게 썰고 올리브유를 살짝 두른 팬에 볶아요.

4 으깬 감자에 볶은 양파, 피망, 베이컨을 넣고 파르메산 치즈, 카레가루를 넣어

5 골고루 섞은 다음 소금과 후춧가루로 간해서 속 재료를 만들어요.

6 제빵기에 미지근하게 데운 물, 설탕, 소금, 강력분, 버터, 달걀, 이스트를 순서대로 넣어 반죽하고

7 1차 발효까지 끝내세요.

8 반죽을 약 40g으로 나눠서 둥글리고 비닐을 덮어 10~15분간 중간 발효를 시켜요.

9 반죽을 밀대로 납작한 원형이 되도록 밀고

10 5의 카레 소를 듬뿍 올려 반죽의 끝을 모아 꼬집듯 붙여요.

11 반죽을 손바닥으로 살짝 눌러 납작하게 만들고

12 반죽에 물을 칠하고 빵가루를 듬뿍 묻혀요.

13 이음매가 바닥으로 가도록 팬에 놓고 비닐을 덮어

14 40~50분간 2차 발효를 시켜요.

15 180℃로 예열한 오븐에서 12~15분간 구우세요.

010

간 식 으 로   혹 은   안 주 로   즐 겨 봐

베이컨 브레드

짭조름한 베이컨과 달콤한 스트로젤의 만남!
아이들에겐 우유와 함께 먹는 간식으로,
남편에겐 시원한 맥주 안주로 그만이지요!
속이 출출할 때는 끼니를 대신할 수도 있으니 참 대견한 빵이에요.

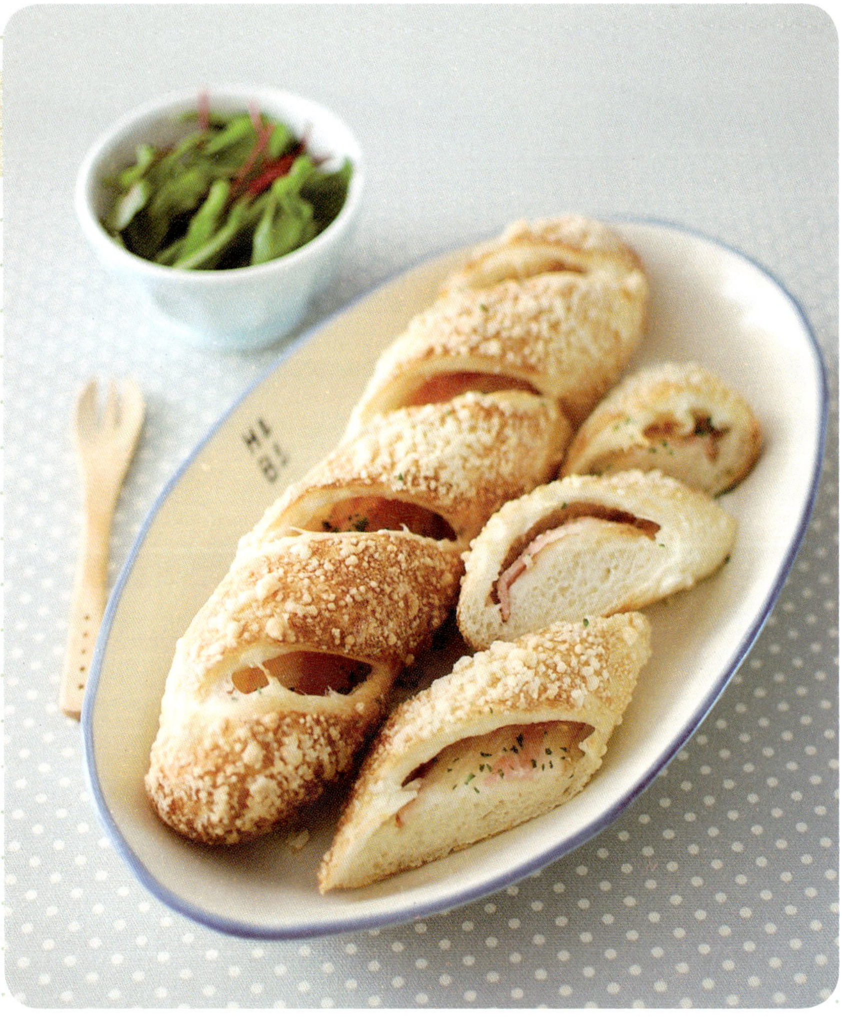

재 료 4개 분량

강력분 200g
설탕 10g
소금 3g
인스턴트이스트 4g
우유 70g
물 70g
올리브유 15g

속 재료

베이컨 4장
후춧가루 약간

토핑

스트로젤 50g

달걀물

달걀 10g
물 30g

Recipe

자세한 반죽과 발효는 17쪽을 참고하세요.

1 제빵기에 미지근하게 데운 우유, 물, 올리브유, 설탕, 소금, 강력분, 이스트를 순서대로 넣고 반죽과 1차 발효까지 끝내요.

2 반죽을 4등분해서 둥글리고 비닐을 덮어 10~15분간 중간 발효를 시켜요.

3 반죽을 밀대로 길게 밀어서

4 베이컨 1장을 가운데 놓고 후춧가루를 살짝 뿌려요.

5 베이컨이 감싸지게 반죽 양쪽 끝을 가운데로 접고

6 다시 세로로 반을 접어 서로 꼬집듯 붙여 막대 모양으로 만들어요.

스트로젤 만들기는 34쪽을 참고하세요.

7 붓으로 달걀물을 바르고 표면에 스트로젤을 듬뿍 묻혀요.

8 이음매가 바닥으로 가도록 반죽을 팬에 놓고 비닐을 덮어 40~50분간 2차 발효를 시켜요.

9 베이컨이 보이게 사선으로 칼집을 넣고 180℃로 예열한 오븐에서 12~15분간 구우세요.

011

하 나 만 먹 어 도 배 가 든 든 한
바게트 소시지빵

담백한 바게트 안에 탱글탱글 맛있는 소시지가 들어 있는 빵이에요.
베이커리의 대표 선수이기도 한 소시지빵은 아이들이 특히 좋아하지요.
하나만 먹어도 배가 든든하니까 간단한 식사 대용으로도 즐겨보세요.

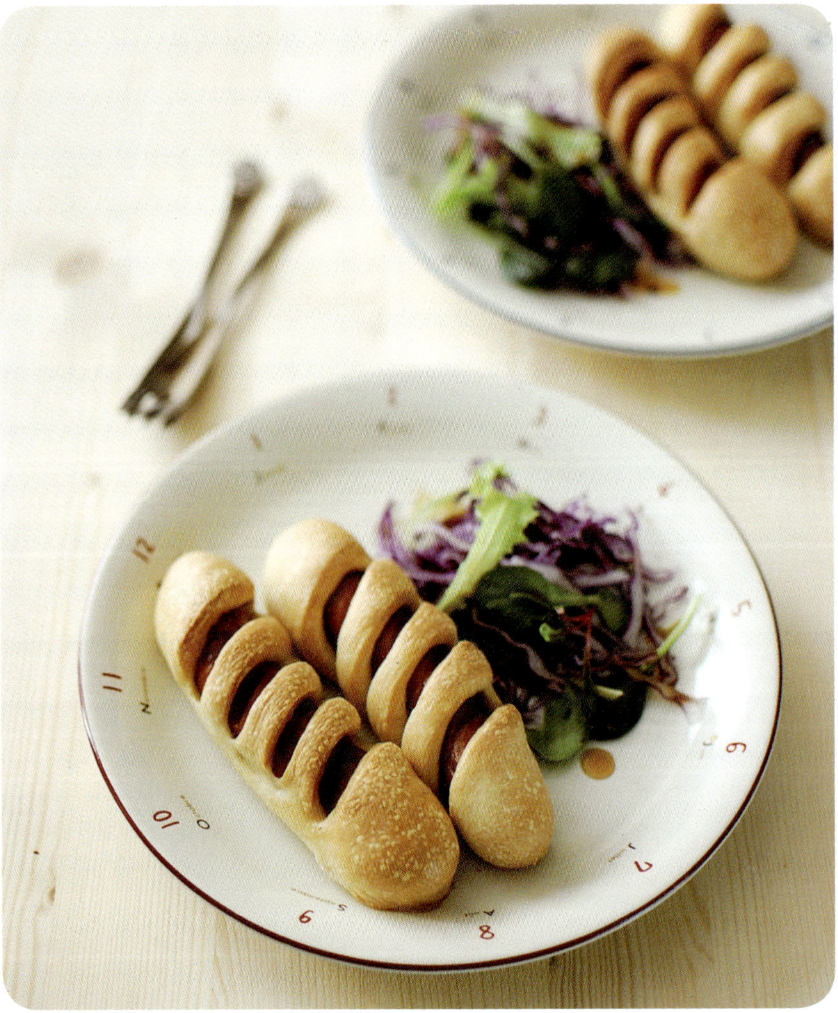

12개 분량

강력분 180g
박력분 50g
소금 4g
인스턴트이스트 3g
물 140g
소시지 12개

내복곰의 친절한 팁

소시지가 들어간 빵을 만들 때 각종 첨가물이 걱정스러우시죠? 소시지에 칼집을 넣어 끓는 물에 데치면 첨가물이 제거되어 건강한 빵을 만들 수 있답니다.

Recipe

1 소시지는 끓는 물에 데쳐요.

2 제빵기에 미지근하게 데운 물, 소금, 강력분, 박력분, 이스트를 순서대로 넣고

3 제빵기의 사용설명서에 따라 반죽하고

4 1차 발효까지 끝내세요.

5 반죽을 약 30g으로 나눠서 둥글리고 비닐을 덮어 10~15분간 중간 발효를 시켜요.

6 반죽을 밀대로 길게 밀고 그 위에 소시지를 올리고

7 반죽을 서로 꼬집듯 붙여 반죽으로 소시지를 감싸요.

8 팬에 반죽을 놓고 비닐을 덮어 40~50분간 2차 발효를 시키고

9 반죽에 칼집을 깊게 내고 스프레이로 물을 듬뿍 뿌린 다음 190~200℃로 예열한 오븐에서 12~15분간 색을 보아가며 구우세요.

012

세 상 에 서   제 일   맛 있 는   빵

베이컨말이 소시지빵

소시지를 좋아하는 못 말리는 우리 식구들을 위한 빵이에요.
소시지에 베이컨까지 돌돌 말고 굵게 간 후추를 살짝 뿌려 구우면
내복곰네 가족들은 '세상에서 제일 맛있는 빵'이라고 하네요.

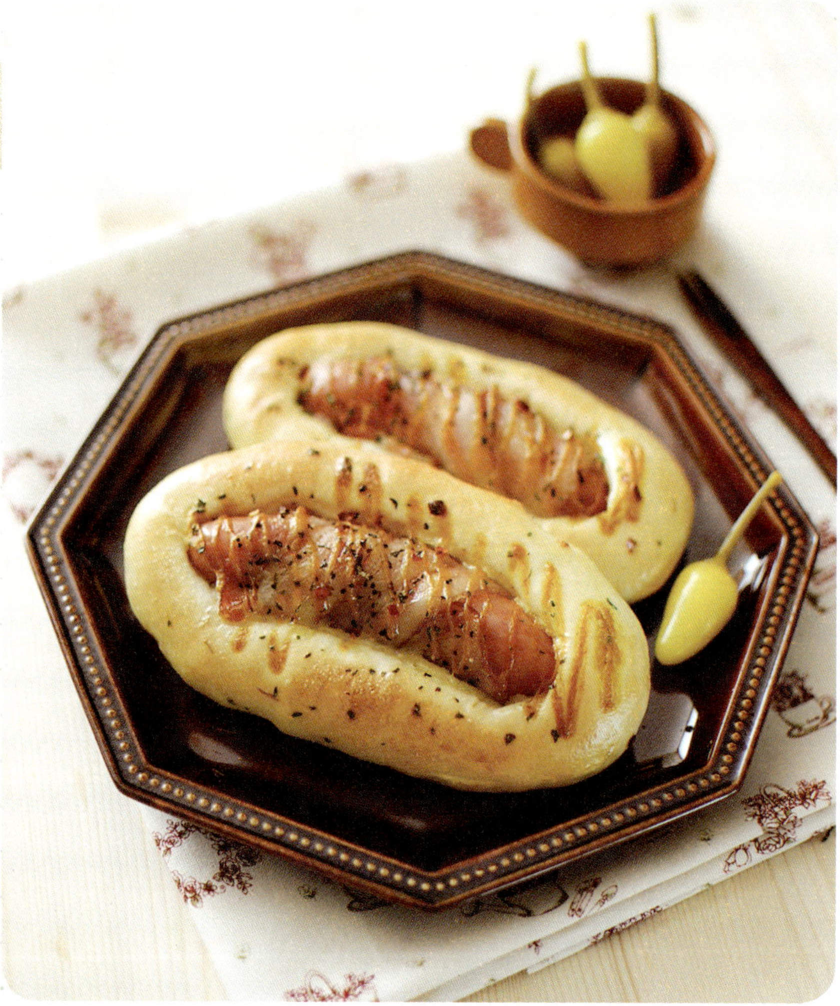

재 료

강력분 200g
설탕 10g
소금 3g
인스턴트이스트 4g
우유 70g
물 65g
버터 15g

토핑

소시지 9개
베이컨 9장
머스터드 · 후춧가루 · 파슬
리가루 · 레드페퍼 약간씩

마무리(달걀물)

달걀 10g
우유 20g

내복곰의 친절한 팁

집에서 만든 빵은 방부제나 첨가
제가 들어 있지 않아 사 먹는 빵보
다 더 빨리 굳거나 딱딱해져요. 빵
은 굽고 나서 바로 먹는 것이 가장
좋고, 시간을 두고 먹을 빵은 한 김
식혀서 냉동 보관하세요. 냉동된
빵은 자연 해동해서 오븐에 살짝
굽거나 전자레인지에 데워 드세요

Recipe

1 제빵기에 미지근하게 데
운 우유, 물, 설탕, 소금,
강력분, 버터, 이스트를 순서
대로 넣어 반죽하고 1차 발
효까지 끝내세요.

2 반죽을 약 40g으로 나눠
서 둥글리고 비닐을 덮
어 10~15분간 중간 발효를
시켜요.

3 반죽을 손으로 굴려 막
대 모양을 만들고

4 밀대로 길게 밀어요.

5 반죽을 팬에 놓고 비닐
을 덮어 약 40분간 2차
발효를 시켜요.

6 2차 발효 동안 토핑을
준비하세요. 소시지는
물에 데쳐 식혀서 베이컨으
로 돌돌 말고 후춧가루를 살
짝 뿌려요.

7 부풀어 오른 반죽 가운
데에 베이컨으로 감싼
소시지를 놓고 꾹 눌러요.

8 머스터드를 뿌리고 파슬
리가루와 레드페퍼를 살
짝 뿌려서

9 180℃로 예열한 오븐에
서 10~12분간 구우세
요. 오븐에서 바로 꺼낸 뜨거
운 빵에 달걀과 우유를 섞어
만든 달걀물을 재빨리 바르
세요.

소시지 야채빵

빵에 채소와 소시지 등의 재료를 섞어 만든 조리빵.
베이커리에서도 많이 만나보셨죠? 간단하게 즐기는
든든한 한 끼 식사로 참 좋아요. 영양을 고려해서 새우, 버섯, 닭고기 등의
다양한 재료를 사용하면 더욱 좋아요.

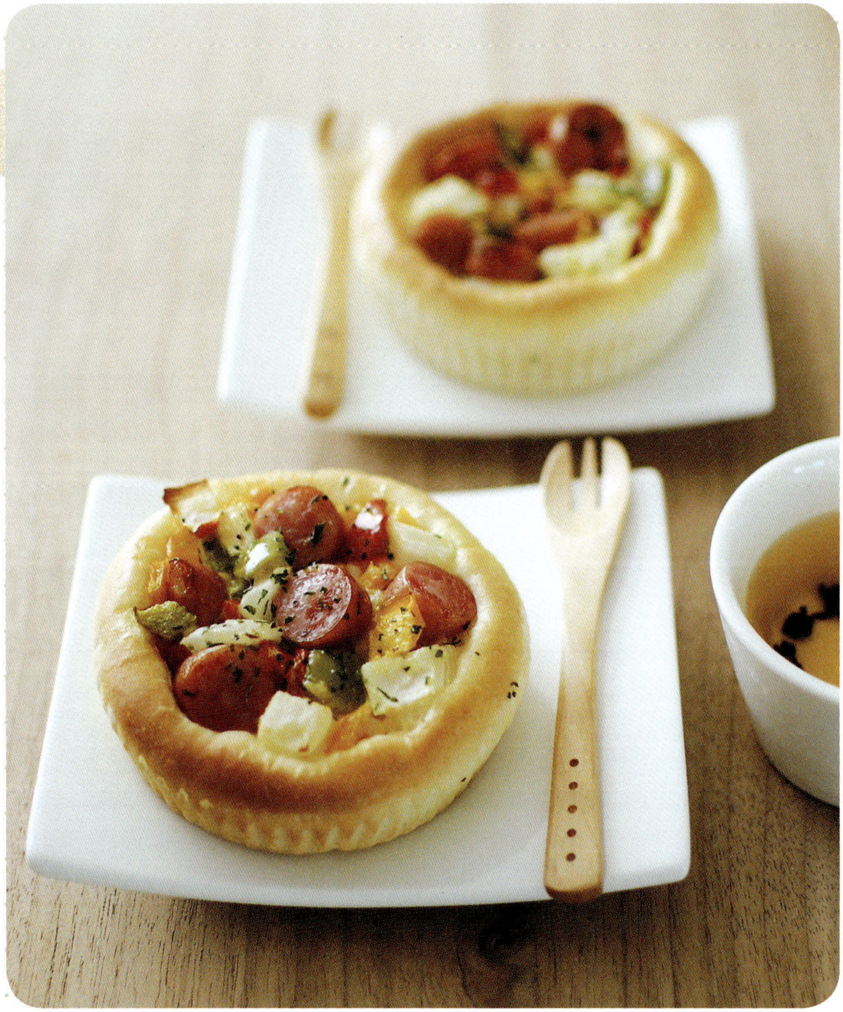

조리빵

8~9cm 타르트 용기
6개 분량

강력분 180g
설탕 15g
소금 3g
인스턴트이스트 3g
우유 60g
물 50~60g
버터 18g

토핑

소시지 3개
피망 1/2개
파프리카 1/2개
양파 1/2개

소스

마요네즈 1큰술
머스터드 1작은술

마무리

파슬리가루 · 후춧가루
약간씩

달걀물

달걀 10g
우유 20g

Recipe

1 제빵기에 미지근하게 데운 우유와 물, 설탕, 소금, 강력분, 버터, 이스트를 순서대로 넣고 반죽과 1차 발효까지 끝내세요.

2 반죽을 6등분해서 둥글리고 비닐을 덮어 10~15분간 중간 발효를 시켜요.

3 발효되는 동안 토핑을 준비해요. 소시지는 끓는 물에 데쳐 자르고 채소는 소시지와 비슷한 크기로 자르세요.

4 마요네즈와 머스터드를 섞어 소스를 만들고 소시지를 제외한 채소를 소스에 버무려요.

5 반죽을 밀대로 납작한 원형으로 밀고

6 타르트 용기에 담아 바닥에 포크로 구멍을 내요.

7 4의 채소와 소시지를 얹고 파슬리가루와 후춧가루를 살짝 뿌리고

8 팬에 놓고 비닐을 덮어 30~40분간 2차 발효를 시켜요.

9 180℃로 예열한 오븐에서 12~15분간 굽고 오븐에서 바로 꺼내 빵이 뜨거울 때 테두리 부분에 달걀물을 재빨리 발라 윤기를 내세요.

호 떡 처 럼 납 작 하 게 구 운
감자 치즈빵

반효된 반죽 위에 팬을 올려 호떡처럼 납작하게 구운 감자 치즈빵!
이런 모양의 빵을 구울 때는 팬을 지긋이 올려 살짝 누르는 게 포인트랍니다.
오븐에 넣기 전에 모양만 보고 팬을 누르면 납작하고 볼품없는 빵이 되기도 하니
정성을 가득 담아 만들어보세요.

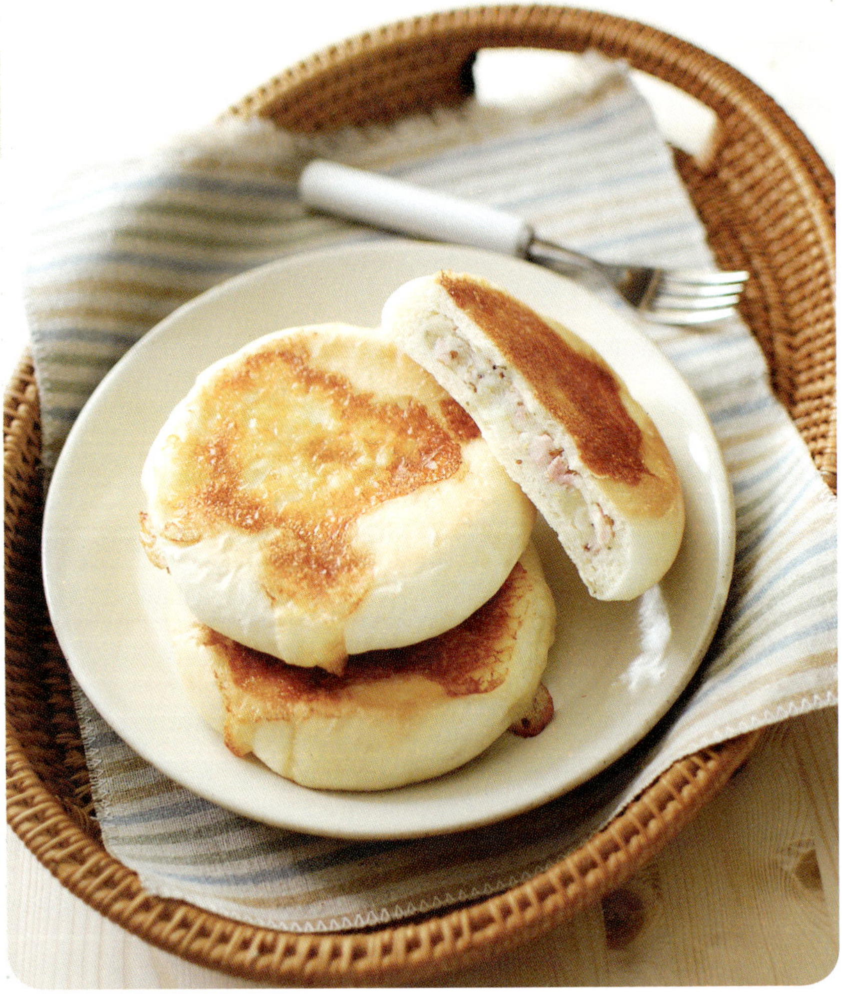

재 료

강력분 200g
설탕 10g
소금 3g
인스턴트이스트 4g
우유 70g
물 60~70g
버터 10g

속 재료

감자 2~3개
햄 50g
파르메산 치즈 2큰술
마요네즈 1큰술
머스터드 1큰술
소금 · 후춧가루 · 파슬리가
루 약간씩

토핑

모차렐라 치즈 적당량

R e c i p e

1 감자는 푹 삶아 뜨거울
때 으깨고

2 다진 햄과 파르메산 치
즈, 마요네즈, 머스터드
를 넣고 소금과 후춧가루로
간하고 파슬리가루를 섞어
속 재료를 만들어요.

3 제빵기에 미지근하게 데
운 우유, 물, 설탕, 소금,
강력분, 버터, 이스트를 순서
대로 넣어 반죽하고 1차 발
효까지 끝내세요.

4 반죽을 약 50g으로 나누
어 둥글리고 비닐을 덮
어 10~15분간 중간 발효를
시켜요.

5 반죽을 밀대나 손바닥을
이용해 납작한 원형으로
만들어서

6 2의 속 재료를 듬뿍 올
리고 반죽을 모아 끝을
꼬집듯 붙여요.

7 반죽을 팬에 놓고 손바
닥으로 살짝 누르고 비
닐을 덮어 40분간 2차 발효
를 시켜요.

8 발효된 반죽 위에 토핑으
로 치즈를 살짝 올리고

9 다른 팬을 반죽 위에 올
려 180℃로 예열한 오븐
에서 12~15분간 구우세요.

015

양 파 의   진 짜   매 력 을   느 껴 봐 !

양파빵

처음에는 양파빵 하니까 무척 낯설게 느껴졌어요.
반죽에도 다진 양파를 넣고 토핑으로도 양파를 올려 구웠더니
양파의 달콤한 맛과 향이 너무나 매력적이던걸요.
솔솔 뿌린 허브가루 향이 더해서 입맛을 더욱 끌어당긴답니다.

재료

강력분 300g
설탕 20g
소금 5g
인스턴트이스트 6g
달걀 1개
우유 70g
물 60~70g
포도씨유 10g
다진 양파 50g
바질가루 · 파슬리가루 약간씩

토핑

양파 1개
체다 치즈 80g
마요네즈 · 파슬리가루 · 바질
가루 약간씩

달걀물

달걀 10g
물 20g

Recipe

1 제빵기에 미지근하게 데운 우유, 물, 포도씨유, 설탕, 소금, 강력분, 달걀, 이스트를 순서대로 넣어 반죽해요. 다진 양파와 파슬리가루, 바질가루는 반죽이 끝나기 1~2분 전에 넣고

2 제빵기에서 1차 발효까지 끝내세요.

3 반죽을 6등분해서 둥글리고 비닐을 덮어 10~15분간 중간 발효를 시켜요.

4 반죽이 바닥에 붙지 않게 덧밀가루를 조금씩 뿌려가며 밀대로 타원형이 되게 밀어

5 팬에 놓고 비닐을 덮어 30~40분간 2차 발효를 시켜요.

6 발효되는 동안 토핑을 준비해요. 양파는 큼직큼직하게 썰고 치즈는 다져요.

7 발효된 반죽을 손가락으로 군데군데 누르고 달걀물을 바르세요.

8 반죽 위에 양파와 치즈를 올리고

9 바질가루, 파슬리가루를 뿌리고 마요네즈를 모양내서 짠 다음 180℃로 예열한 오븐에서 15~18분간 구우세요.

군침이 꿀깍!
참치빵

참치와 채소를 토핑으로 올리고 다코야키 소스와
가츠오부시를 뿌린 조리빵이에요.
참치 대신 삶은 문어나 새우를 올려 구워도 좋아요.
토핑으로 올리는 채소는 강한 불에 볶아 물기 없이 사용하는 게 중요해요.

조리빵

재 료

강력분 150g
설탕 10g
소금 2g
인스턴트이스트 3g
우유 50g
물 50g
버터 10g

토핑

양파 1/2개
피망 1/2개
빨강 피망 1/2개
마늘 5~6쪽
참치(통조림) 1통
소금 · 후춧가루 약간씩
올리브유 적당량

달걀물

달걀 10g
우유 20g

마무리

가츠오부시 · 다코야키 소스
적당량씩

Recipe

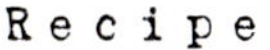

1 제빵기에 미지근하게 데운 우유, 물, 설탕, 소금, 강력분, 버터, 이스트를 넣어 반죽과 1차 발효를 끝내세요.

2 반죽을 6등분으로 나눠서 둥글리고 비닐을 덮어 10~15분간 중간 발효를 시켜요.

3 반죽을 밀대로 10~12cm 길이로 둥글게 밀고

4 팬에 놓고 비닐을 덮어 30~40분간 2차 발효를 시켜요.

5 그동안 토핑을 준비하세요. 양파, 피망, 빨강 피망, 마늘을 적당한 크기로 자르고 참치는 물기를 쏙 빼요.

6 올리브유를 두른 팬에 참치를 제외한 채소를 볶고 소금과 후춧가루로 간 해요.

7 발효된 반죽은 테두리 부분을 남기고 손가락으로 군데군데 누른 다음

8 6의 볶은 채소와 참치를 올리고 180℃로 예열한 오븐에서 10~12분간 구우세요.

9 빵을 오븐에서 꺼내면 바로 빵 테두리 부분에 달걀물을 발라요. 다코야키 소스를 살짝 뿌리고 가츠오부시를 올려요.

느끼하지 않고 상큼해
딸기 버터크림빵

버터크림을 바른 빵에 딸기를 곁들이면 크림의 느끼한 맛은 줄고
딸기의 상큼함이 더해져 입맛을 끌어당기는 맛있는 빵이 완성된답니다.
딸기뿐만 아니라 파인애플, 키위, 오렌지 등의 다양한 과일을 활용해도 좋아요.

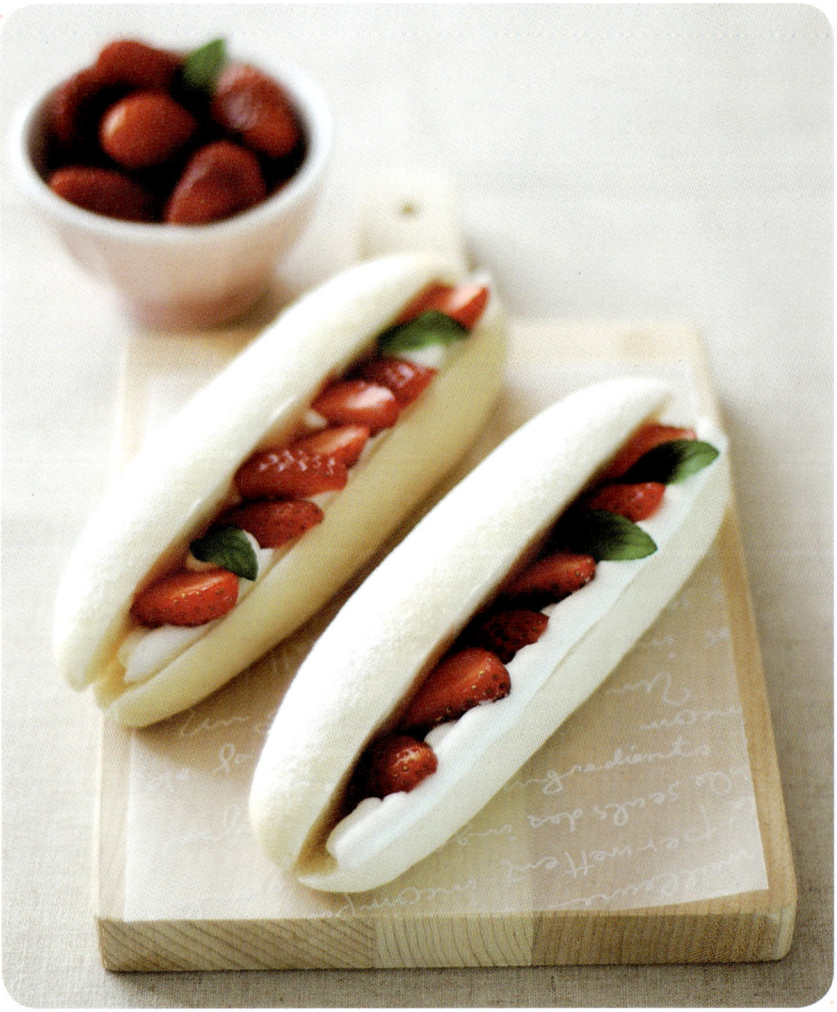

재 료

강력분 250g
설탕 10g
소금 4g
인스턴트이스트 5g
물 140g
버터 20g
전분 약간

충전물

버터크림 100g
딸기 적당량

Recipe

1 제빵기에 미지근하게 데운 물, 설탕, 소금, 강력분, 버터를 순서대로 넣고 이스트는 물에 직접 닿지 않게 밀가루 위에 올려 반죽하고

2 제빵기의 사용설명서에 따라1차 발효까지 끝내요.

3 반죽을 50g으로 나눠서 둥글리고 비닐을 덮어 10~15분간 중간 발효를 시켜요.

4 반죽이 바닥에 붙지 않게 덧밀가루를 조금씩 뿌려가며 밀대로 밀어요.

5 15~18cm 정도의 길이로 둥글게 밀어서

6 양쪽 끝을 세로로 길게 접고

7 끝부분을 서로 꼬집듯 붙여 막대 모양으로 만들어요.

8 팬에 반죽을 놓고 비닐을 덮어 40~50분간 2차 발효를 시켜요.

9 반죽 표면에 전분을 살짝 뿌리고 175~180℃로 예열한 오븐에서 10~12분간 구우세요. 빵이 식으면 가운데를 잘라 버터크림을 바르고 딸기를 샌드해요.

018

달 콤 한 시 나 몬 향 이 솔 솔

시나몬 롤

시나몬 롤이 맛있기로 소문난 베이커리가 몇 곳 있지요.
집에서도 유명 베이커리의 시나몬 롤을 재현할 수 있답니다.
시나몬 롤을 굽다 보면 필링이 녹아내려 볼품없는 모양이 나올 때가 있어요.
맛은 물론 모양도 예쁜 시나몬 롤을 만드는 내복곰만의 비법을 공개합니다!

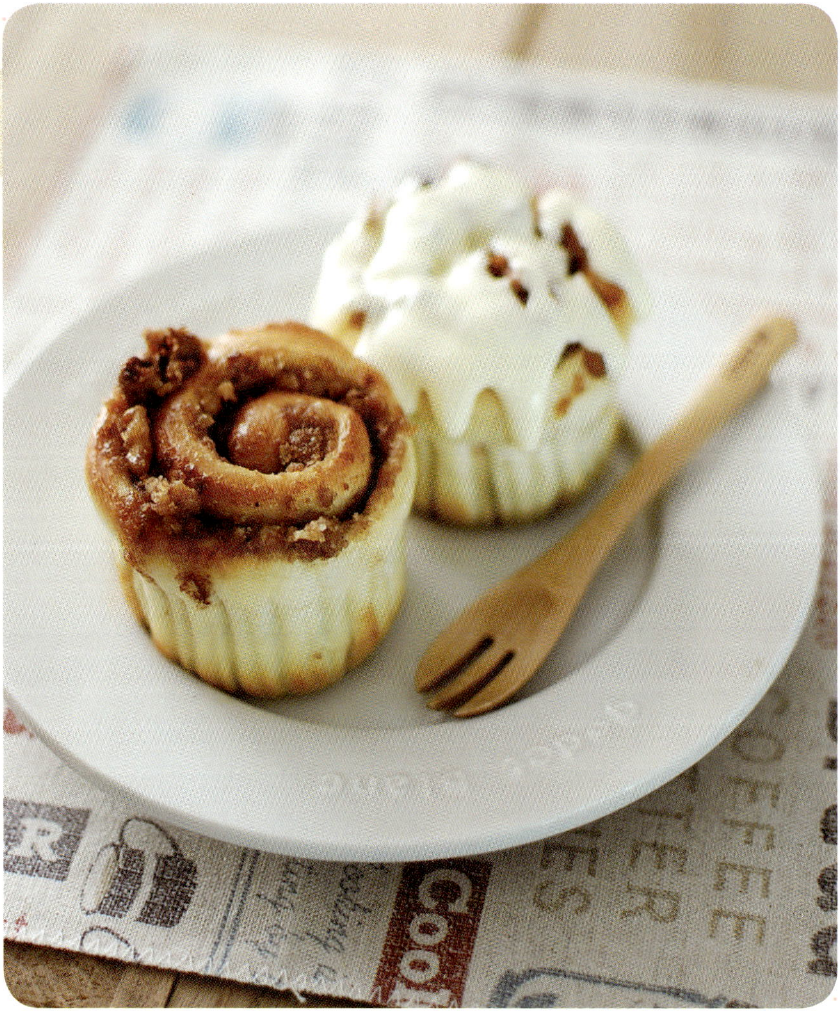

재 료

강력분 300g
설탕 30g
소금 5g
인스턴트이스트 6g
달걀 1개
우유 70g
물 70g
버터 30g

필링

황설탕 160g
아몬드가루 90g
계핏가루 10g
호두 80g
녹인 버터 30g
럼 10g

크림치즈 프로스팅

크림치즈 80g
버터 30g
슈거 파우더 20g
우유 30g
럼 5g
반죽에 바를 녹인 버터 10g

Recipe

1 오븐에 살짝 구워 잘라 놓은 호두, 황설탕, 아몬드가루, 계핏가루, 녹인 버터, 럼을 모두 볼에 담고

2 주걱으로 골고루 섞어 필링을 만들어요.

3 제빵기에 미지근하게 데운 물, 우유, 설탕, 소금, 강력분, 달걀, 버터를 순서대로 넣고 이스트를 올린 다음 반죽과 1차 발효까지 끝내요.

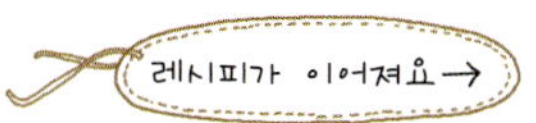

4 반죽을 1/2등분해서 둥글리고 비닐을 덮어 10~15분간 중간 발효를 시켜요.

5 반죽이 바닥에 붙지 않게 덧밀가루를 조금씩 뿌려가며 밀대로 밀어서

6 약 30×24cm 크기의 직사각형으로 만들어요.

7 밀어놓은 반죽 위에 녹인 버터를 꼼꼼히 바르고

8 2의 필링 재료를 골고루 펴 담아요.

9 반죽을 돌돌 말아 끝부분을 꼬집듯 붙인 다음

10 6등분으로 나눠서 실을 이용해 잘라요.

11 머핀틀에 유산지를 깔아 반죽을 담고 비닐을 덮은 다음

12 반죽이 80~90% 정도로 부풀 때까지 2차 발효를 시켜요.

13 180℃로 예열한 오븐에서 12~15분간 구우세요.

14 실온에 둔 크림치즈와 버터를 부드럽게 풀고 슈거 파우더를 넣어 섞어요.

15 우유와 럼을 나눠 넣어 골고루 섞어서 크림치즈 프로스팅을 완성해요.

019

고소함과 달콤함의 절정

호두 크럼빵

제누아즈를 체에 내린 크럼을 흑설탕, 계핏가루, 견과류 등과 섞어
필링을 만든 다음 빵 속에 넣어 구우면 세상에 둘도 없는 맛있는 빵을 만들 수 있어요.
사 먹는 빵은 필링이 부족해 늘 아쉬웠는데
홈메이드 빵에는 좋은 재료를 아낌없이 넣을 수 있어 좋아요.

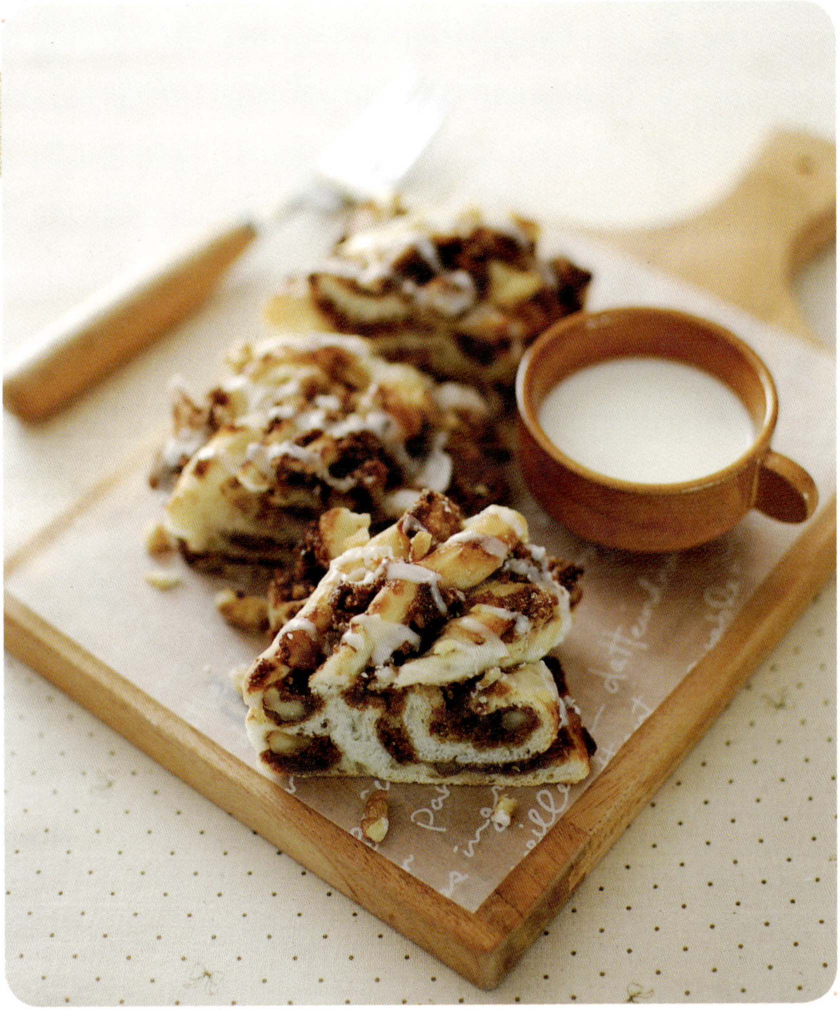

강력분 180g
설탕 20g
소금 3g
인스턴트이스트 3g
우유 70g
물 60g
버터 25g

필링

카스텔라가루 90g
흑설탕 40g
계핏가루 4g
달걀흰자 1개분
호두 50g
녹인 버터 20g
반죽에 바를 녹인 버터 15g

토핑과 마무리

호두 20g
달걀물
아이싱

달걀물

달걀 10g
우유 20g

아이싱

슈거 파우더 35g
우유 6g

Recipe

1 카스텔라 또는 제누아즈를 체에 내려 크럼가루를 만드세요.

2 오븐에 살짝 구워 자른 호두와 카스텔라가루, 흑설탕, 계핏가루, 달걀흰자, 녹인 버터를 모두 볼에 담고

3 주걱으로 골고루 섞어 필링을 만들어요.

4 제빵기에 미지근하게 데운 우유, 물, 설탕, 소금, 강력분, 버터를 순서대로 넣고 이스트를 밀가루 위에 올린 다음 반죽과 1차 발효까지 끝내세요.

5 반죽을 1/2등분해서 둥글리고 비닐을 덮어 10~15분간 중간 발효를 시켜요.

6 반죽이 바닥에 붙지 않게 덧밀가루를 조금씩 뿌려가며 밀대로 밀어서 약 28×26cm 크기의 직사각형으로 만들어요.

7 반죽 위에 녹인 버터를 골고루 바르고

8 반죽의 가장자리 부분을 조금 남기고 3의 필링 재료를 펼쳐 담아요.

9 필링이 흐트러지지 않게 조심해서 반죽을 돌돌 말고

크럼 가루는 카스텔라나 제누아즈를 체에 내려 만들어요. 케이크를 만들 때 자르다 남은 제누아즈를 체에 내려 냉동실에 보관했다가 시나몬 롤 등의 빵을 만들 때 필링으로 섞어 써도 좋고 머핀이나 파운드케이크 반죽에 조금 넣으면 촉촉하고 부드러운 빵이 된답니다. 제누아즈 만드는 방법은 20쪽을 참고하세요.

10 필링이 새지 않게 끝부분을 꼬집듯 붙여요.

11 반죽의 끝부분을 조금 남기고 가운데를 세로로 자른 다음

12 필링이 새어 나오지 않게 조심스럽게 꽈서 팬에 놓고 비닐을 덮어 30~40분간 2차 발효를 시켜요.

13 부풀어 오른 반죽 위에 달걀물을 바르고

14 토핑으로 호두를 올린 다음

15 180℃로 예열한 오븐에서 약 15분간 굽고 식힘망으로 옮겨 한 김 식혀요. 슈거 파우더와 우유를 섞어 만든 아이싱을 빵 위에 보기 좋게 뿌리세요.

여 러 모 양 으 로 만 들 어 봐

호두 크림치즈빵

부드러운 크림치즈와 고소한 호두를 넣은 호두 크림치즈빵은 많은 이들에게 사랑받는
베이커리 인기 브레드에요. 호떡이나 링 모양으로 만들기도 하지만
반죽을 둥글리기해서 머핀틀에 넣어도 좋아요. 같은 반죽이라도 모양에 따라
빵으로 구운 다음 미묘한 맛의 차이를 느낄 수 있다는 점이 재미있어요.

재료

강력분 150g
설탕 12g
소금 2g
인스턴트이스트 3g
우유 50g
물 50g
버터 10g
호두 30g

속 재료

크림치즈 150g
슈거 파우더 20g
바닐라액 4g

Recipe

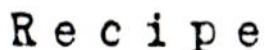

1 실온에 두어 부드러워진 크림치즈에 슈거 파우더와 바닐라액을 부드럽게 섞어 속 재료를 만드세요.

2 믹싱볼에 강력분, 설탕, 소금, 이스트를 서로 붙지 않게 놓고 밀가루를 덮어 골고루 섞은 다음 미지근하게 데운 우유와 물을 넣고

3 반죽을 가볍게 뭉쳐 한 덩어리가 되면 실온에 둔 버터를 넣고 반죽기를 이용해 10~15분간 반죽하세요.

4 오븐에서 살짝 구워 다진 호두를 넣고 1~2분 정도 가볍게 반죽하고

5 반죽을 한 덩어리로 뭉쳐 비닐을 덮고 따뜻한 곳에서 1차 발효를 시켜요.

6 처음 부피의 2.5~3배로 부풀 때까지 50~60분간 두세요.

7 반죽을 약 50g씩 6등분으로 나눠서 둥글리고 비닐을 덮어 10~15분간 중간 발효를 시켜요.

8 반죽을 밀대나 손바닥을 이용해 납작한 원형으로 만들어서

9 1의 크림치즈 충전물을 얹고

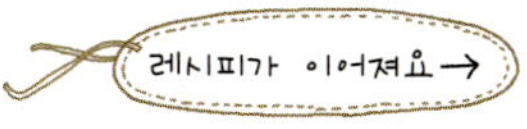

10 크림치즈가 새어나오지 않게 끝을 꼬집듯 잘 붙여요.

11 반죽을 팬에 담고 손바닥으로 살짝 누르고

12 비닐을 덮어 약 40분간 2차 발효를 시켜요.

13 발효가 끝나면 반죽 위에 다른 팬을 올리고

14 180℃로 예열한 오븐에서 12분 정도 구우세요.

Plus Recipe
같은 반죽, 다른 느낌
꽃 모양 호두
크림치즈빵

호두 크림치즈빵과 같은 반죽으로 색다른 모양의 빵을 만들어보세요.
재료는 호두 크림치즈빵과 같지만 생김새는
완전히 다르답니다.

Recipe

1 반죽을 약 100g씩 3등
분으로 나눠서 둥글리고
비닐을 덮어 10~15분간 중
간 발효를 시켜요.

2 반죽을 밀대로 18~20cm
길이로 밀어 크림치즈를
바르고

3 반죽을 돌돌 말아 끝을
꼬집듯 붙이고 양손으로
굴려가며 길이를 조금씩 늘
여요.

4 양끝을 이어 붙여 링 모
양으로 만들고

5 스크래퍼나 가위로 반죽
의 2/3 지점을 꽃 모양
을 만들면서 잘라요.

6 반죽을 팬에 놓고 비닐
을 덮어 40분간 2차 발
효를 시키고 180℃로 예열한
오븐에서 12~15분 정도 구
우세요.

021

역사와 전통의

생크림 소보로빵

소보로빵은 단팥빵, 크림빵과 함께 어릴 적 추억의 빵 중 하나이지만
지금까지도 사랑받고 있어요. 요즘은 생크림을 비롯한
크림과 과일을 샌드하거나 소보로에 견과류를 더해
다양한 변신을 시도하고 있답니다.

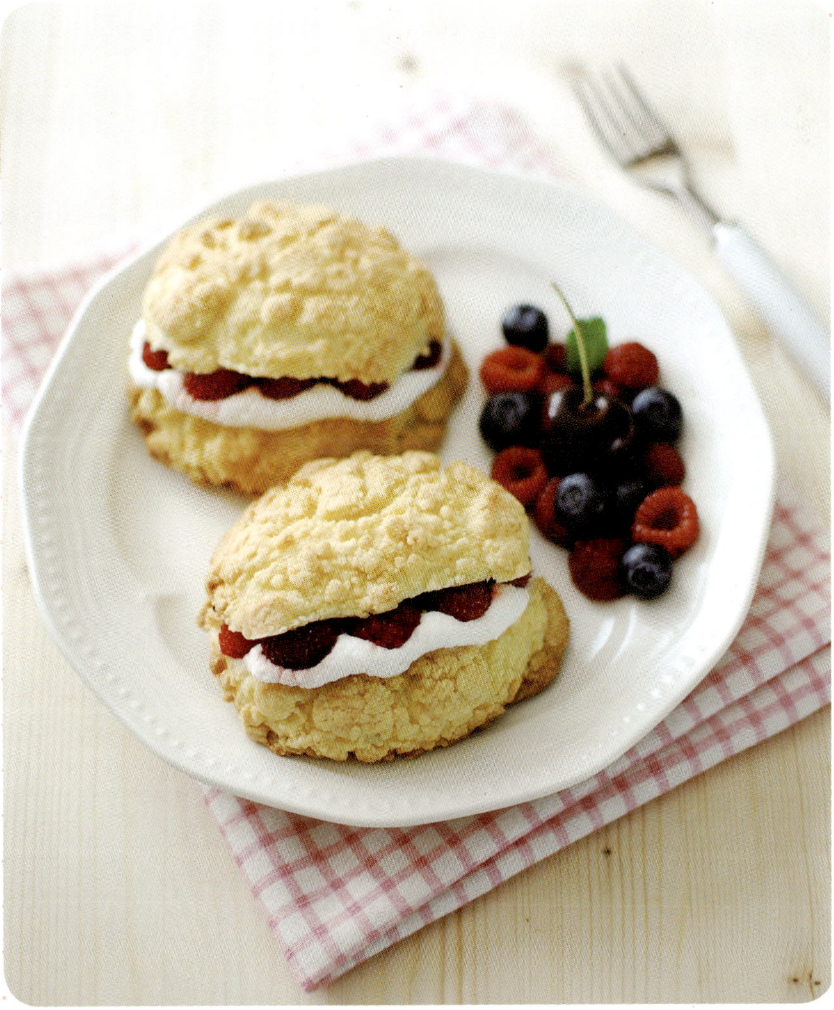

강력분 200g
설탕 20g
소금 3g
인스턴트이스트 4g
달걀 1/2개
우유 50g
물 50g
버터 30g

소보로

중력분 150g
설탕 70g
물엿 10g
베이킹파우더 2g
달걀 20g
버터 70g

샌드 크림

생크림 100g
설탕 10g
럼 4g
샌드용 과일 적당량

Recipe

1 실온에 두어 부드러워진 버터에 설탕, 물엿을 넣고 가볍게 섞어요.

2 달걀은 한꺼번에 모두 넣어 살짝만 섞고

3 밀가루와 베이킹파우더를 체 쳐서 넣고

4 거품기로 밀가루가 살짝 보일 정도로만 저어 보슬보슬한 상태로 만들어 냉장실에 넣어요.

5 제빵기에 미지근하게 데운 우유, 물, 설탕, 소금, 강력분, 달걀, 버터, 이스트를 순서대로 넣어 반죽하고 1차 발효까지 끝내세요.

6 반죽을 약 40g으로 나눠서 둥글리고 비닐을 덮어 10~15분간 중간 발효를 시켜요.

7 반죽의 끝을 손으로 집어 물에 담갔다 빼고

8 의 소보로 위에 반죽을 놓고 손바닥으로 소보루가 골고루 묻도록 둥글게 지그시 눌러요.

9 소보로가 떨어지지 않게 한 손으로 반죽을 덮어 조심스럽게 팬으로 옮겨 비닐을 덮고 40~50분간 2차 발효를 시켜요.

10 180℃로 예열한 오븐에서 약 12분간 굽고 식힘망으로 옮겨 식혀요.

11 생크림에 설탕과 럼을 넣어 핸드믹서로 충분히 휘핑해서 둥근 깍지를 끼운 짤주머니에 담아요.

12 소보로빵을 길게 잘라 생크림을 짜고 과일을 샌드해요.

022

홈 메 이 드 단 팥 을 넣 어 건 강 해

미니 단팥빵

시중에서 판매하는 단팥은 당도가 높고 첨가물이 포함되어 있어
선뜻 손이 안 가요. 살짝 번거롭긴 하지만
집에서 팥을 푹 삶아 설탕을 넣고 조린 홈메이드 단팥을 만들어보세요.
베이커리에서 사 먹던 단팥빵이 건강빵으로 거듭난답니다.

간식용 빵

재 료

강력분 100g
설탕 10g
소금 2g
인스턴트이스트 2g
우유 30g
물 35~40g
버터 15g

속 재료

단팥 앙금 240g

마무리

아몬드 8개
달걀물
(달걀 10g, 우유 20g)

내복곰의 친절한 팁

홈메이드 단팥을 한 번에 필요한 분량만큼씩 나눠 밀봉한 다음 냉동 보관하세요. 몇 개월간 사용할 수 있답니다.

R e c i p e

1 당도가 너무 높지 않게 단팥을 만들어요.

2 제빵기나 반죽기를 이용해 반죽하고 반죽을 한 덩어리로 뭉쳐 비닐을 덮고 1차 발효를 시켜요.

3 처음 부피의 2.5~3배로 부풀 때까지 따뜻한 곳에 40~50분간 두세요.

4 반죽을 20~25g으로 나눠서 둥글리고 비닐을 덮어 10~15분간 중간 발효를 시켜요.

5 반죽을 밀대나 손바닥으로 눌러 납작한 원형으로 만들고

6 단팥 앙금을 30g씩 올리고

7 반죽을 모아 끝을 꼬집듯 잘 붙여요.

8 이음매가 바닥으로 가도록 팬에 놓고 아몬드를 올린 다음 손으로 살짝 눌러요. 비닐을 덮고 40~50분간 2차 발효를 시키고

9 180℃로 예열한 오븐에서 약 12분간 굽고 오븐에서 꺼낸 뜨거운 빵에 달걀물을 발라요.

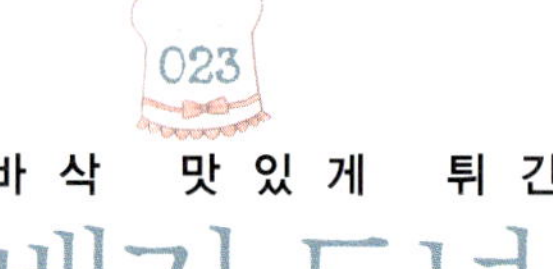

023

바삭바삭 맛있게 튀긴

꽈배기 도넛

도넛은 튀기는 동안 자주 뒤집으면 부피가 작아지니
한 번만 뒤집어 튀기는 것이 중요해요. 또 온도가 낮으면 반죽이 기름지고 퍼지기 쉬운데,
적당한 튀김기름의 온도는 반죽을 넣었을 때 금방 떠오르는 정도랍니다.
바삭하게 도넛 튀기는 노하우를 알려드렸으니 함께 도전해보실래요?

재 료

강력분 170g
박력분 30g
설탕 20g
소금 3g
인스턴트이스트 4g
달걀 1/2개
우유 50g
물 50g
버터 25g

묻힘 설탕

설탕 50g
계핏가루 2g

Recipe

1 제빵기에 미지근하게 데운 우유, 물, 설탕, 소금, 밀가루, 달걀, 버터, 이스트를 순서대로 넣어 반죽해요.

2 제빵기의 사용설명서에 따라 1차 발효까지 끝내고

3 반죽을 약 40g으로 나눠서 둥글리고 비닐을 덮어 10~15분간 중간 발효를 시켜요.

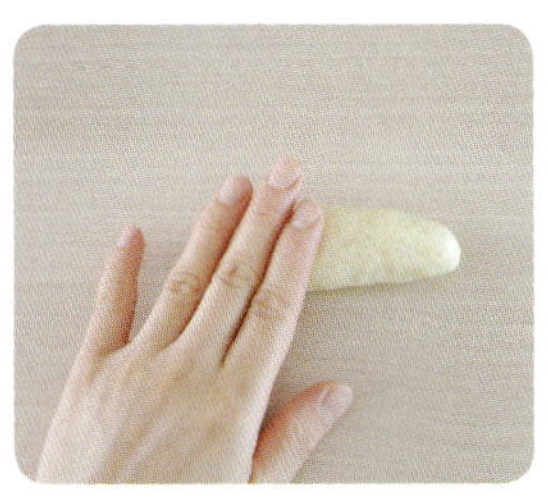

4 반죽을 손바닥으로 굴려 막대 모양으로 만들고

5 양손으로 굴려가며 25~30cm 길이로 늘이세요.

6 반죽의 반을 접어 꽈배기 모양으로 꼬고 꼬인 모양이 풀어지지 않게 끝을 살짝 꼬집듯 붙여요.

7 반죽을 팬에 놓고 비닐을 덮어 10~15분간 2차 발효를 시켜요.

8 180~185℃의 튀김기름에서 도넛을 1~2분 정도 노릇하게 튀겨요.

9 도넛이 따뜻할 때 계핏가루를 섞은 설탕에 굴려 계피설탕을 골고루 묻혀요.

024

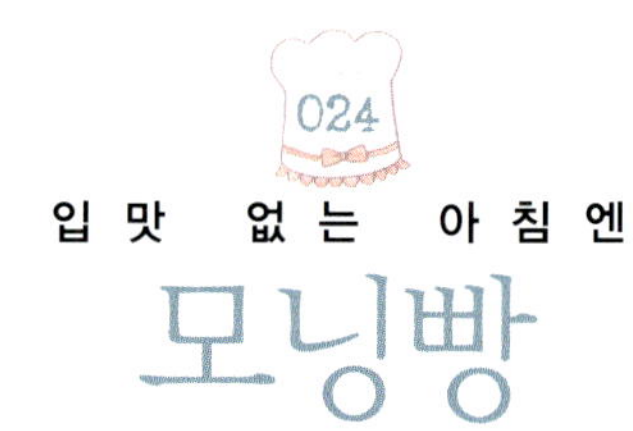

입맛 없는 아침엔

모닝빵

동글동글 부드럽고 촉촉한 모닝빵은 입맛 없는 아침에
버터를 살짝 발라 우유와 먹거나 스크램블
에그와 채소를 곁들여 먹어도 좋아요.
아이들에게는 미니 햄버거나 샐러드빵으로 만들어주면 더욱 좋겠죠.

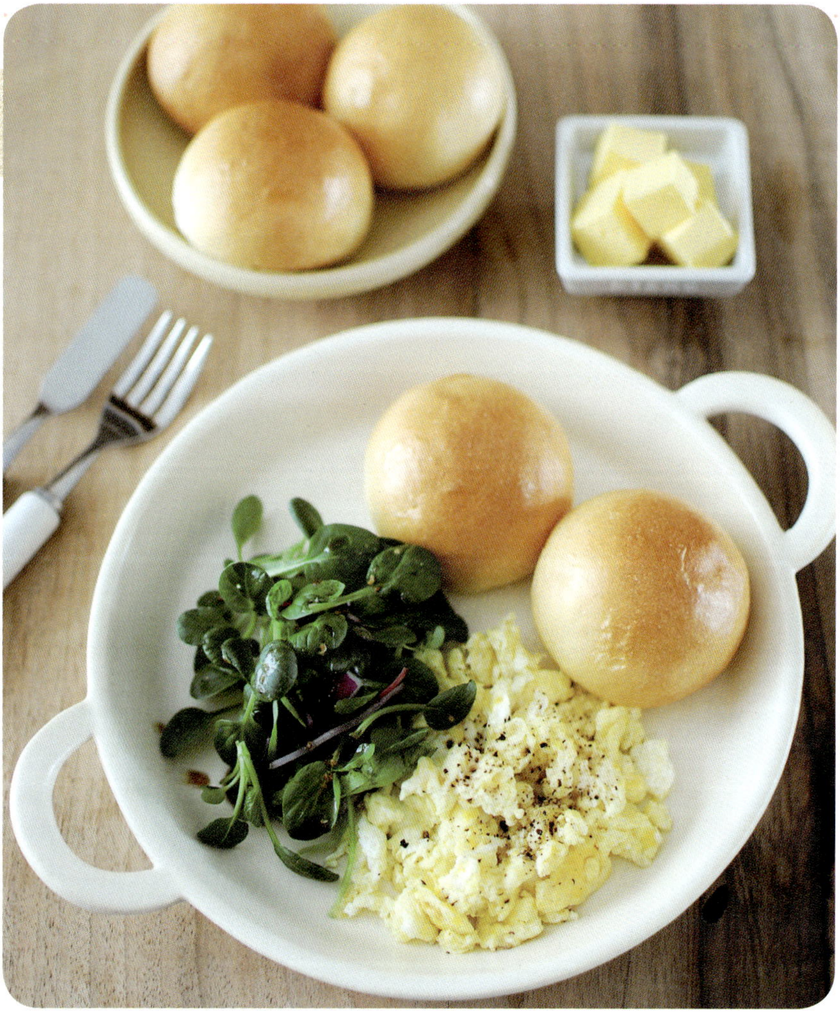

재 료

강력분 300g
설탕 20g
소금 5g
인스턴트이스트 6g
우유 110g
물 90g
버터 40g

마무리(달걀물)
달걀 10g
우유 20g

Recipe

1 제빵기에 미지근하게 데운 우유, 물, 설탕, 소금, 강력분, 버터를 넣고 이스트는 물에 닿지 않게 밀가루 위에 올리고

2 제빵기의 사용설명서에 따라 반죽하고

3 1차 발효까지 끝내세요.

4 반죽을 약 25g으로 나눠서 둥글리고 비닐을 덮어 10~15분간 중간 발효를 시켜요.

5 한 번 더 가볍게 둥글려서 공 모양으로 만들어 팬에 놓고 비닐을 덮어 40~50분간 2차 발효를 시켜요.

6 180℃로 예열한 오븐에서 10~12분간 굽고 오븐에서 꺼낸 뜨거운 빵에 달걀물을 바르세요.

Plus Recipe
모닝빵으로 만든
미니
햄버거

아이들은 햄버거를 너무 좋아하지만 패스트푸드라서 사주기가 망설여져요.
이럴 땐 모닝빵으로 미니 햄버거를 만들어보세요.
고기 패티를 만들어 넣고 치즈나 양상추 등 간단한 채소를 끼우면
아이들이 좋아하는 햄버거를 마음껏 먹일 수 있어요.

재 료

모닝빵 8개
양파 · 양상추 · 피클 적당량씩
케첩 약간

햄버거 패티
다진 쇠고기 350g
양파 1/2개
다진 마늘 1큰술
빵가루 1~2큰술
소금 · 후춧가루 · 바질가루 약간씩

Recipe

1 다진 쇠고기에 양파를 다져 넣고, 다진 마늘, 빵가루, 소금, 후춧가루, 바질가루를 넣어 힘껏 치대서 패티 반죽을 만들어요.

2 반죽을 약 60g씩 떼어 둥글납작하게 빚어 패티를 만들어 팬에 놓고

3 200℃로 예열한 오븐에서 15분간 구우세요.

4 양파는 동그랗게 썰고 양상추는 깨끗이 씻어 적당한 크기로 손으로 찢고 피클은 동글게 썰어요.

5 모닝빵을 반으로 잘라 양상추, 양파, 피클을 놓고 쇠고기 패티를 올리고 케첩을 뿌려 미니 햄버거를 만들어요.

025

은은한 홍차 향에 반했어

얼 그레이 마들렌

조개 모양의 작은 케이크인 마들렌은 버터 향이 풍부한
프랑스의 대표 과자 중 하나예요.
레몬 껍질을 넣어 만드는 마들렌이 일반적이지만, 얼 그레이 홍차를 우려 넣으면
진한 향이 입안 가득 퍼지는 향긋한 마들렌을 만날 수 있답니다.

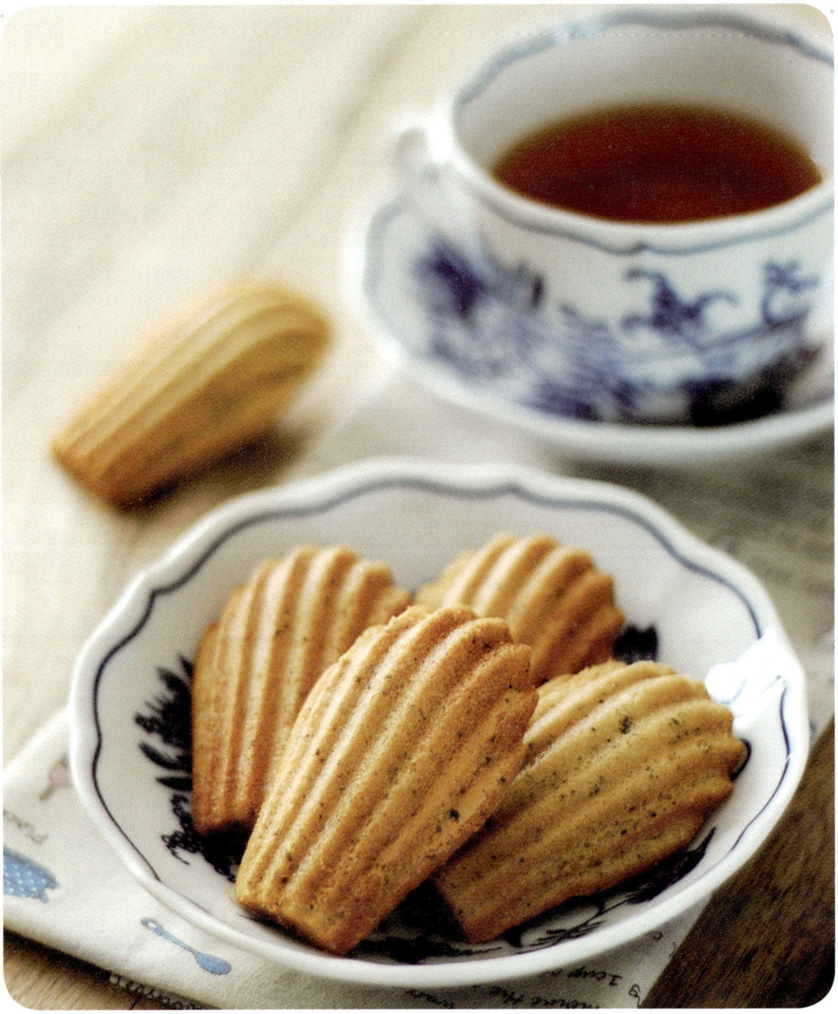

재료

박력분 100g
설탕 80g
꿀 20g
소금 0.5g
베이킹파우더 2g
달걀 2개
녹인 버터 100g
럼 8g
홍차 티백 2개
물 10g

틀 코팅용

버터 · 밀가루 적당량씩

Recipe

1 홍차 티백을 뜨거운 물에 담가 10분 정도 두세요.

2 달걀을 볼에 풀어서 설탕, 소금, 꿀을 넣어 거품기로 가볍게 저어요.

3 박력분과 베이킹파우더를 두 번 정도 체 쳐서 넣어 부드럽게 풀어요.

4 우려낸 홍차를 넣어 섞고

5 버터를 녹여 넣고

6 럼을 넣어 가볍게 섞어 반죽을 완성해요.

7 반죽을 짤주머니에 담아 1시간 정도 냉장고에 넣어 휴지시켜요.

8 틀에 버터를 바르고 밀가루를 뿌린 다음, 틀을 바닥에 탁탁 쳐서 여분의 밀가루를 털어내고

9 반죽을 틀의 80% 정도 채워서 160~165℃로 예열한 오븐에서 12분 정도 구우세요.

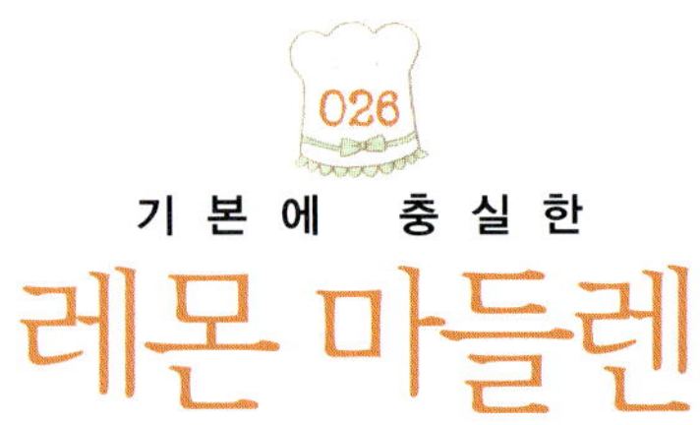

026

기 본 에 충 실 한
레몬 마들렌

레몬 껍질을 갈아 넣어 만드는 기본 마들렌이에요.
향이 은은한 차나 커피와 함께 즐겨보세요.

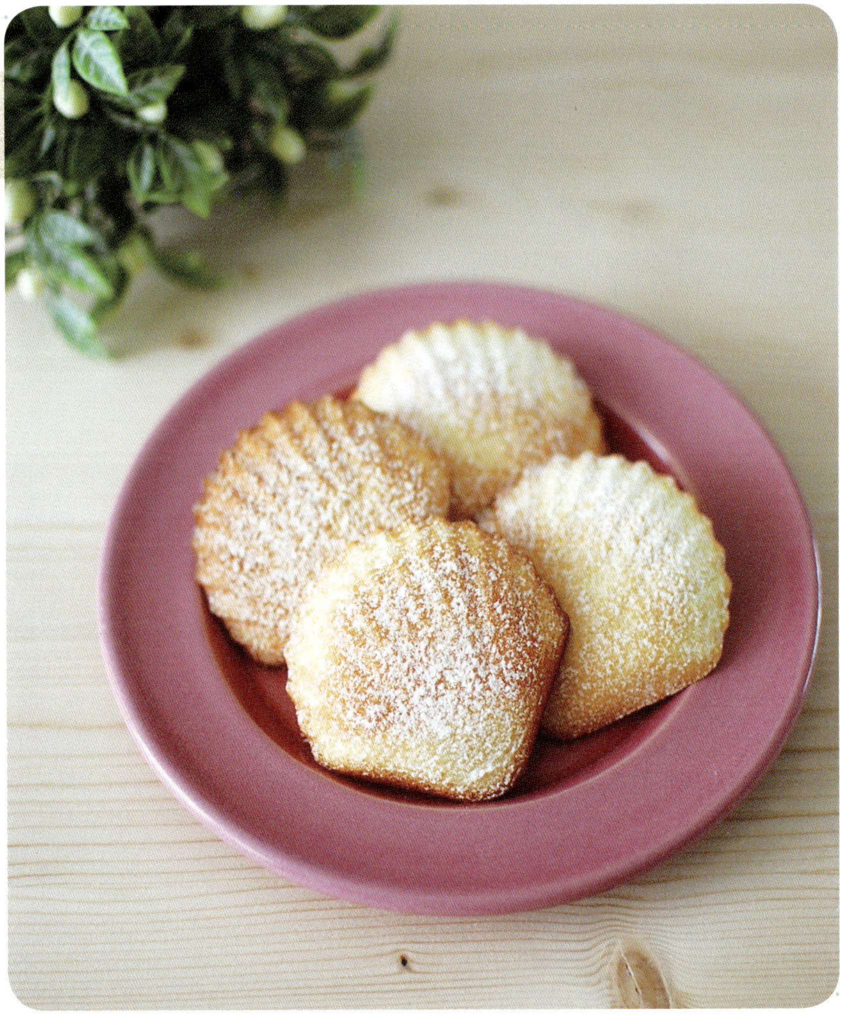

재 료

박력분 90g
설탕 90g
소금 0.5g
베이킹파우더 2g
달걀 2개
녹인 버터 100g
레몬 껍질 1개분
레몬즙 10g

틀 코팅용
버터 적당량

Recipe

1 레몬은 굵은소금으로 박 박 문질러 깨끗이 씻어서 레몬 제스터나 강판을 이용해 노란 겉껍질만 벗기고 레몬즙을 짜요.

2 달걀을 볼에 풀어서 설탕, 소금을 넣어 거품기로 가볍게 젓다가

3 레몬 껍질과 레몬즙을 넣어 가볍게 섞어요.

4 박력분과 베이킹파우더를 체 쳐서 넣어 부드럽게 섞고

5 녹인 버터를 넣어 반죽을 마무리하고 냉장실에 넣어 휴지시켜요.

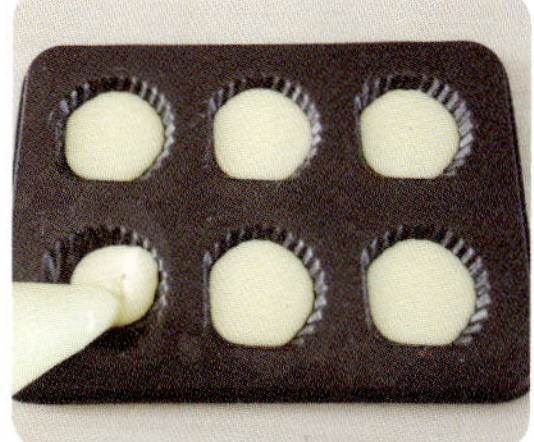

6 틀에 버터를 바르고 반죽을 80% 정도 채워 160~165℃로 예열한 오븐에서 색을 보아가며 12분 정도 구우세요.

초콜릿 본연의 깊고 진한 맛

브라우니

맛있는 브라우니를 만들기 위해서는 초콜릿을 잘 선택해야 해요.
초콜릿의 원료가 되는 카카오, 버터와 카카오 매스의 함량이 높은
커버처 초콜릿을 사용해 베이커리에서 파는 브라우니보다
더 맛있는 브라우니를 만들어보세요.

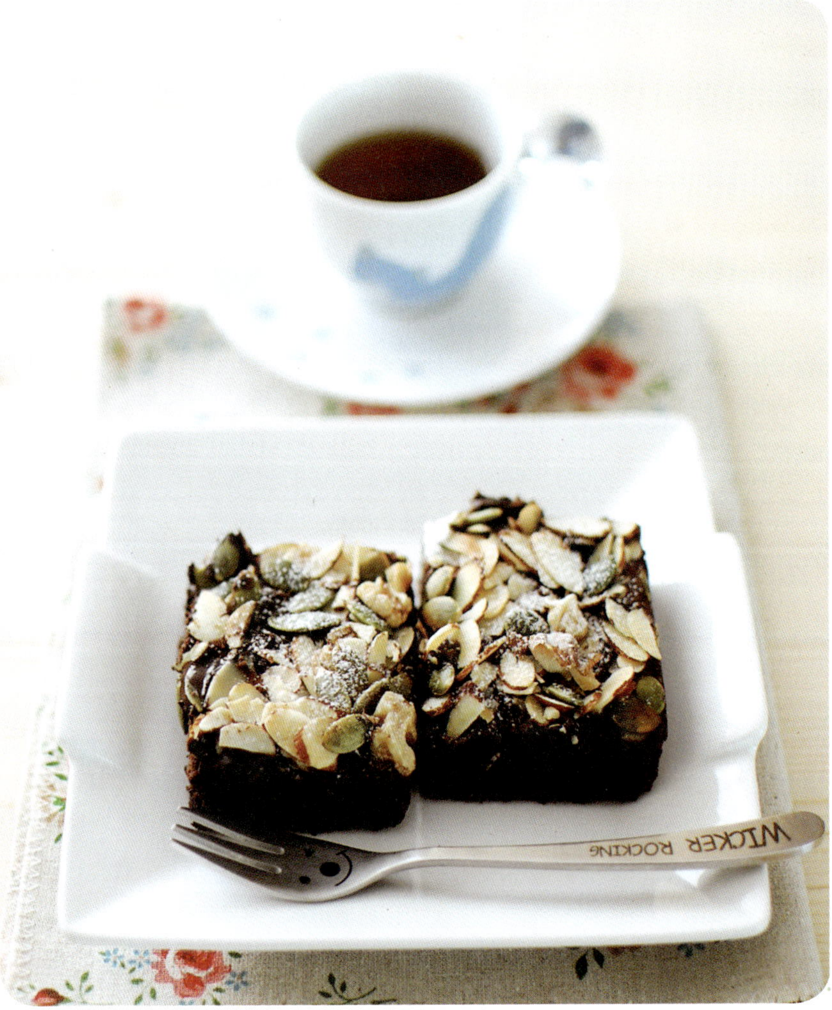

28×18cm
사각틀 1개 분량

박력분 130g
코코아 파우더 35g
황설탕 80g
소금 1g
베이킹파우더 2g
달걀 3개
우유 20g
생크림 30g
버터 130g
럼 30g

충전물과 토핑

다크 초콜릿 150g
견과류(호두, 슬라이스 아몬
드, 호박씨 등) 100g

Recipe

1 실온에 둔 버터를 부드
럽게 풀고 황설탕, 소금
을 넣어 거품기로 섞은 다음

달걀을 한꺼번에
많이 넣으면 달걀과
버터가 순두부처럼
몽글몽글한 상태로
분리되니
조심하세요

2 달걀을 조금씩 넣어가며
크림 상태가 되도록 잘
섞어요.

3 박력분, 코코아 파우더,
베이킹파우더를 두번 정
도 체 쳐서 넣고

생크림 대신
우유를 50g 넣어
반죽해도 돼요.

4 골고루 섞은 다음, 우유
와 생크림을 넣고 반죽
에 윤기가 돌게 섞어요.

5 럼을 넣고 가볍게 섞어
요. 반죽에 럼을 비롯한
제과용 술을 넣으면 달걀 비
린내가 제거되고 맛과 향이
좋아져요.

6 다크 초콜릿을 잘라 토
핑용으로 반을 남겨두고
나머지 반을 반죽에 넣고 섞
어요.

7 사각틀에 유산지를 깔아
반죽을 담고 주걱으로
표면을 평평하게 정리하고

8 남은 초콜릿을 맨 위에
골고루 얹고

브라우니를
밀봉해서 하루 정도
두면 더 맛있게
먹을 수 있어요.

9 견과류를 골고루 뿌린
다음 160~165℃로 예
열한 오븐에서 25~30분간
구우세요.

소중한 사람들을 위한
브라우니
선물 포장

반가운 친구와의 만남이 있을 때 내가 만든 브라우니를
선물해보는 건 어떨까요. 정성이 가득 담긴 홈메이드 브라우니는
받는 분들에게 잔잔한 감동은 물론 달콤한 설렘까지 안겨줄 거예요.

1 유산지나 실리콘 페이퍼를 틀에 놓고 반죽을 2/3 정도 담고 견과류를 듬뿍 올려요.

2 160~165℃로 예열한 오븐에서 30분 정도 구워요.

3 브라우니 옆면에 투명 무스띠를 두르면 토핑으로 올린 견과류가 떨어지지 않아 모양이 예쁘게 유지돼요.

4 상자에 브라우니를 담고 브라우니가 마르지 않게 투명 필름지를 위에 올리고 리본으로 상자를 예쁘게 장식하세요.

상 큼 한 맛 에 기 분 도 좋 아 지 는

오렌지 스틱

신선한 오렌지 향을 가득 머금은 오렌지 스틱은 둥근 원통 모양이라서
바통 케이크라 부르기도 해요. 오렌지 대신 상큼한 레몬을 넣어도 맛있는데
일상이 무료하고 심심하거나 상큼한 것이 생각날 때 만들면 기분이 좋아져요.

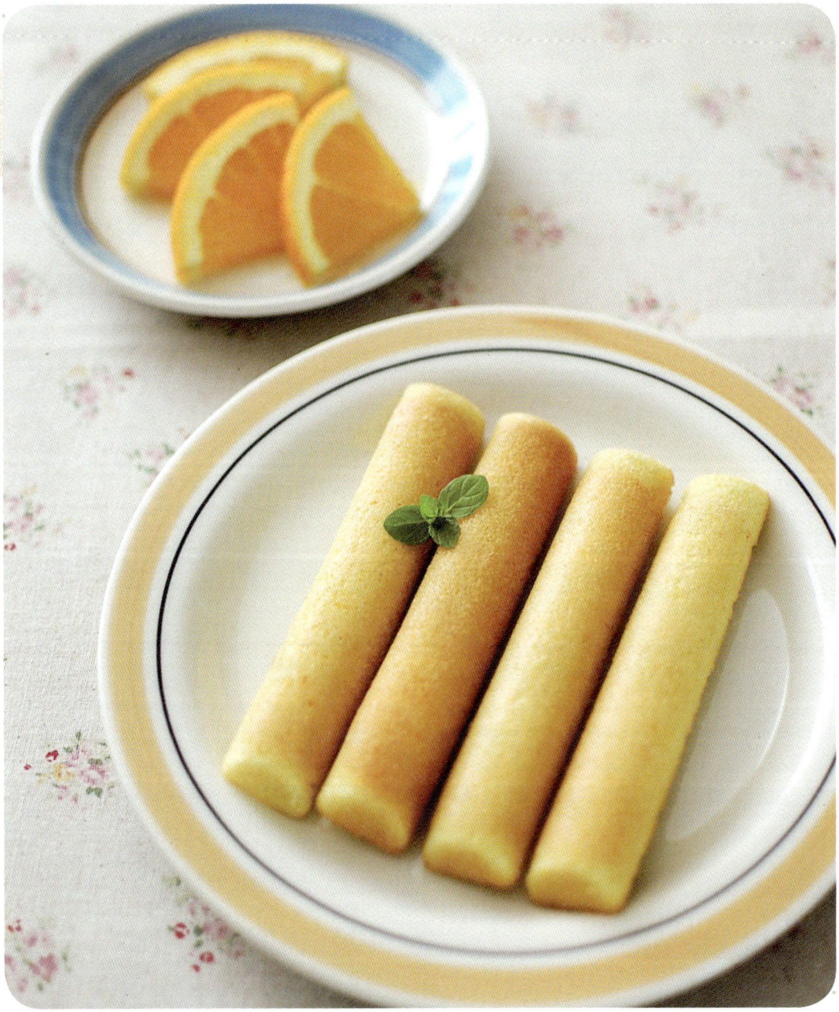

재 료

박력분 100g

설탕 90g

소금 1g

베이킹파우더 2g

달걀 2개

녹인 버터 100g

오렌지 껍질 1개분

오렌지즙 30g

오렌지술(또는 럼) 8g

틀 코팅용

버터 · 밀가루 적당량씩

Recipe

1 오렌지를 굵은소금으로
문질러 깨끗이 씻어 레
몬 제스터나 강판을 이용해
노란 겉껍질만 벗겨놓고

2 오렌지즙을 짜세요.

3 달걀을 볼에 풀어서 설
탕, 소금을 넣어 핸드믹
서로 살짝 거품이 생길 정도
로만 휘핑하고

4 오렌지 껍질과 즙을 넣
어 섞어요.

5 박력분과 베이킹파우더
를 두 번 정도 체 쳐서
넣어 부드럽게 풀고

6 녹인 버터를 넣어 매끄
럽게 섞으세요.

7 오렌지 술이나 럼을 넣
고 가볍게 섞어 반죽을
완성해요.

8 반죽을 짤주머니에 담아
냉장실에 1시간 정도 넣
어 휴지시켜요.

9 틀에 버터를 바르고 밀
가루를 살짝 뿌려 털어
낸 다음, 반죽을 70~80%
정도 채우고 160~165℃로
예열한 오븐에서 10분 정도
구우세요.

029

호박고구마라 더 맛있는

고구마 케이크

맛있는 고구마가 고구마 케이크의 맛을 결정하죠.
고구마는 속이 노랗고 당도가 높은 호박고구마를 사용해보세요.
누구나 좋아하는 고구마 케이크!
이젠 직접 만들어보자고요~

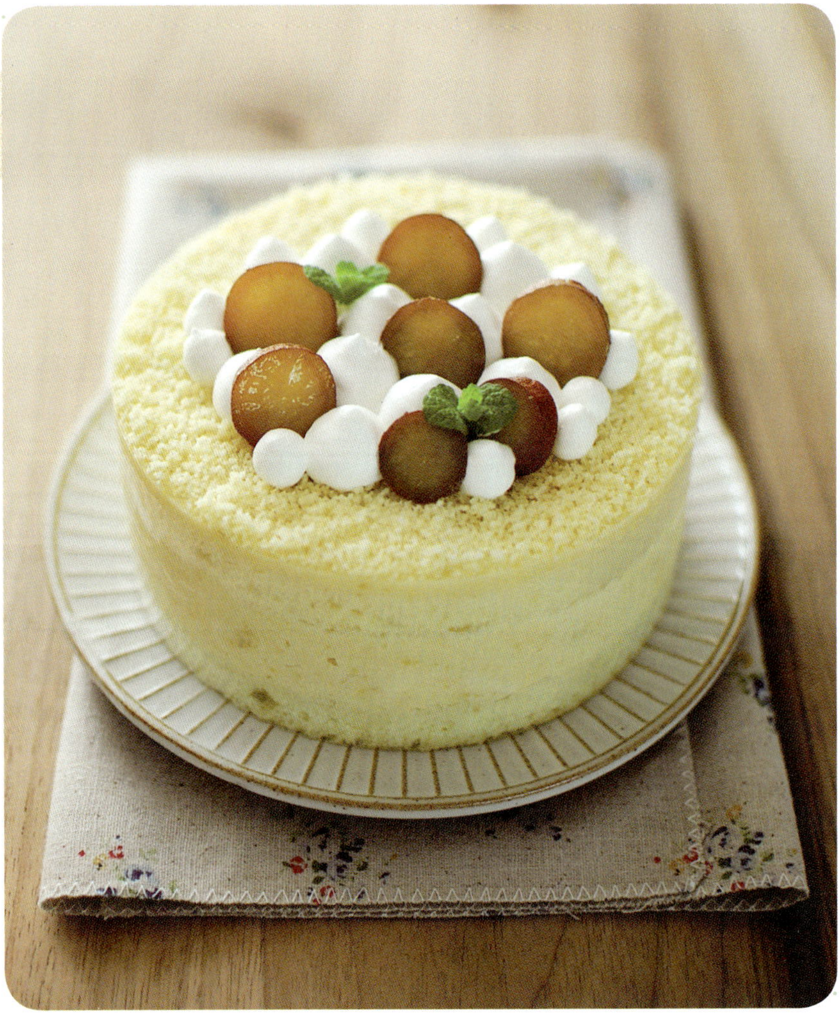

고구마 250g
설탕 30g
꿀 30g
소금 1g
생크림 250g
버터 25g
럼 8g

바닥 부분
제누아즈(두께 1.5cm) 2장

시럽
물 40g
설탕 25g
럼 2g

토핑과 마무리
생크림 100g
설탕 10g
제누아즈 · 장식용 고구마
약간씩

Recipe

1 냄비에 물, 설탕을 넣어 끓인 다음 식으면 럼을 넣어 시럽을 만들어요.

2 제누아즈를 1.5cm 두께로 2장 슬라이스하고,

3 제누아즈 위에 무스링을 눌러 무스틀 크기에 맞게 시트를 준비해요.

4 무스링 바닥에 랩을 씌우고 안쪽에 무스띠를 둘러요.

5 바닥에 시트 1장을 놓고 1의 시럽을 시트가 촉촉하게 젖도록 바르세요.

6 고구마는 껍질을 벗기고 듬성듬성 잘라 냄비에 담고 물을 자작하게 부어 푹 삶아요.

7 뜨거운 고구마에 설탕, 꿀, 소금, 버터를 넣고 주걱으로 섞어가며 으깬 다음

8 부드러워지게 체에 내리고 식혀요.

9 생크림은 살짝 되직할 정도로(50~60%) 휘핑해서

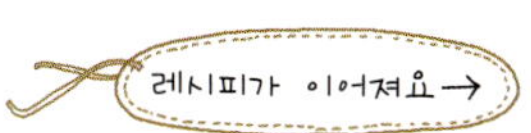

10 8의 고구마에 세 번 정도 나눠 넣어 가볍게 섞고

11 럼을 넣어 고구마 무스를 완성해요.

12 5의 무스를 표면에 바를 고구마 무스를 조금 남겨두고 고구마 무스를 채워요.

13 2의 제누아즈 1장을 덮고 시럽을 촉촉하게 바르고

14 남긴 무스를 올리고 스패튤라로 표면을 매끄럽게 정리하세요.

15 제누아즈를 체에 내려 케이크 위에 뿌리고

16 분량 외의 설탕을 조금 넣은 물에 슬라이스한 고구마를 살짝 익히고

17 생크림을 휘핑해서 케이크 위에 예쁘게 장식해요.

030

소중한 사람의 생일에는

생크림 케이크

가족들의 생일 케이크를 직접 만들어보세요.
잘 구운 제누아즈에 생크림을 휘핑해 바르고 과일을 올려 장식하면
세상에서 단 하나뿐인 생일 케이크가 만들어져요.
어딘가 어설픈 케이크라도 가족들의 기억 속에는 가장 멋진 작품으로 남는답니다.

케이크

재 료

박력분 65g
설탕 70g
베이킹파우더 1g
달걀 2개
버터 20g

시럽

물 40g
설탕 25g
럼 2g

아이싱과 마무리

생크림 300g
설탕 40~50g
럼 8g
딸기 · 딸기 다이스 약간씩

Recipe

1 냄비에 물, 설탕을 넣어 끓인 다음 식으면 럼을 넣어 시럽을 만들어요.

2 제누아즈는 미리 구워 준비하세요.

3 제누아즈가 3등분이 되도록 칼과 케이크 막대를 이용해 슬라이스해요.

4 생크림에 설탕을 넣고 핸드믹서로 휘핑해요.

5 향긋한 향을 더하기 위해 럼을 넣고

6 크림이 매끄럽고 뾰족한 상태가 되면 휘핑을 끝내세요.

7 3의 제누아즈에 시럽을 촉촉이 바르고

8 슬라이스한 제누아즈 사이사이에 생크림을 펴 발라 샌드하세요.

9 케이크 돌림판을 이용해서 스패튤라로 케이크 윗면에 크림을 듬뿍 바르고 돌림판을 돌려가며 매끄럽게 만들고

10 옆면에도 돌림판을 돌려가며 크림을 발라요.

11 스패튤라를 밖에서 안으로 스치며 움직여서 위로 올라온 생크림을 깔끔하게 정리하고

12 나머지 생크림을 별 깍지를 끼운 짤주머니에 담아 예쁘게 짜고 딸기와 딸기 다이스로 장식하세요.

내복곰의 친절한 팁

생크림은 동물성 생크림, 식물성 생크림, 동물성과 식물성이 혼합된 생크림으로 나눌 수 있어요. 유크림으로 만드는 동물성 생크림은 원료와 맛이 좋지만 휘핑과 아이싱이 쉽지 않고 식물성 생크림은 휘핑과 아이싱을 매끄럽게 할 수 있지만 맛이 떨어지고 첨가물이 많이 포함되었다는 단점이 있어요. 건강과 맛을 위해서는 사용 방법은 조금 까다롭지만 동물성 생크림을 사용하는 것이 좋아요.

부 드 럽 고 폭 신 한
치즈케이크

부드러운 크림치즈 반죽에 계란흰자를 풍성하게 거품내서 쉽고 따뜻한 물에
중탕으로 구우면 베이커리에서 즐겨 먹던 사볍고 폭신폭신한 치즈케이크 완성!
갓 내린 아메리카노와 부드러운 치즈케이크 한 조각이면 세상에 부러운 게 없어요.

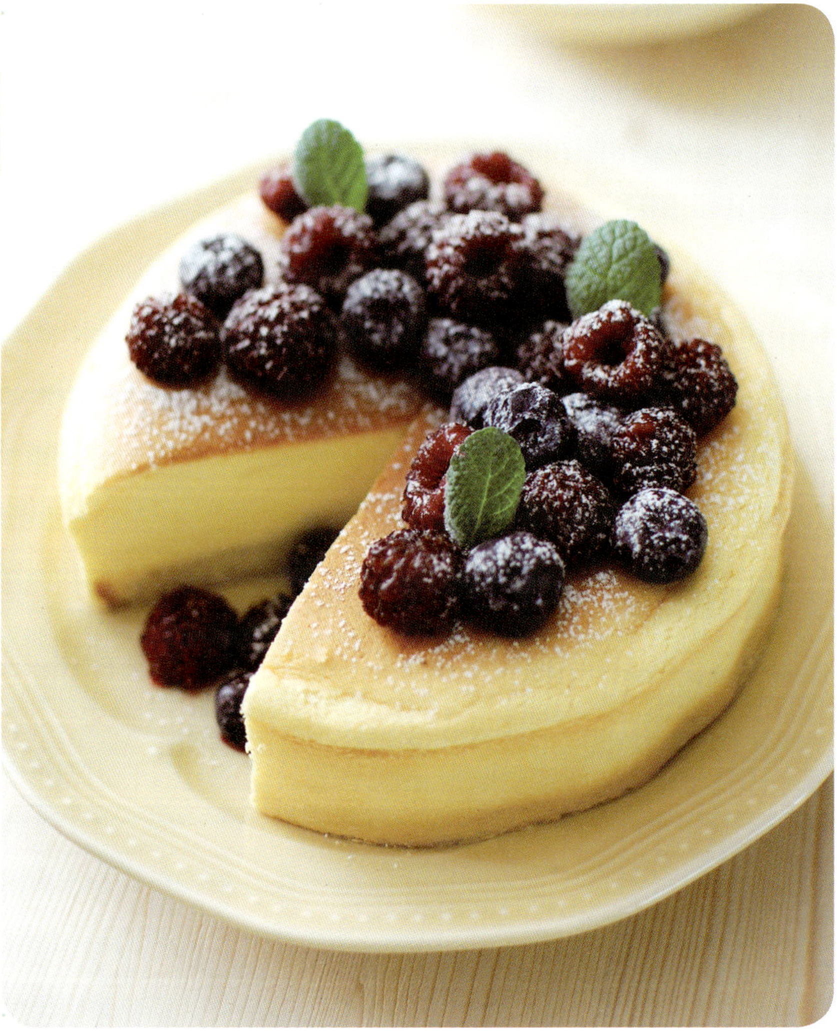

재 료

크림치즈 120g

박력분 40g

설탕 50g

우유 70g

달걀 3개

버터 20g

바닐라액(또는 럼) 8g

바닥 부분

제누아즈(두께 1.5cm) 1장

Recipe

1 1.5cm 두께로 슬라이스 한 제누아즈에 무스링을 눌러 원형틀보다 작게 시트 1장을 준비해요.

2 치즈케이크 틀에 유산지 나 테프론 시트를 깔고 1의 슬라이스한 제누아즈를 가운데 놓아요.

3 볼에 크림치즈, 버터, 우 유를 담고 뜨거운 물에 받쳐

4 거품기로 저어가며 덩어 리지지 않게 부드럽게 녹여요.

5 달걀을 흰자와 노른자로 분리해 달걀노른자만 1개 씩 넣어가며 섞어요.

6 박력분을 체 쳐서 넣고 멍 울이 생기지 않게 잘 섞 어요.

7 볼에 달걀흰자를 담고 휘핑해서 어느 정도 거 품이 올라오면 설탕을 세 번 에 나눠 넣으며 머랭을 만들 어요.

8 머랭은 부드럽게 휘는 70~80% 정도로만 휘 핑하세요.

9 6의 크림치즈 반죽에 머 랭을 넣어 가볍게 섞고

10 바닐라액을 넣어요.

11 2의 틀에 크림치즈 반죽을 부어 뜨거운 물이 담긴 팬에 놓고

12 155~160℃로 예열한 오븐에서 50분에서 1시간 동안 중탕으로 구우세요.

내복곰의 친절한 팁

치즈케이크는 수플레 치즈케이크, 뉴욕 치즈케이크, 레이어 치즈케이크로 나눌 수 있어요.
수플레 치즈케이크는 달걀흰자의 머랭을 섞어 중탕으로 구운 부드러운 치즈케이크로 일본식 치즈케이크(Japaness Cheese Cake)라고도 불러요. 뉴욕 치즈케이크는 진한 크림치즈의 맛이 잘 느껴지는 케이크이고, 레이어 치즈케이크는 굽지 않고 젤라틴을 넣어 냉동실에서 굳혀 만드는 무스케이크예요.

갓 따온 녹차색이야

녹차 카스텔라

녹차가루를 넣어 케이크나 빵을 만들 때 선명한 초록색이 아니라
쑥색에 가깝게 구워지는 경우가 있어요. 녹차의 종류에 따라 이런 현상이 일어나는데,
이럴 땐 녹차가루에 클로렐라가루가 섞인 마차(말차)가루를 사용해보세요.
방금 따온 싱싱한 잎처럼 예쁜 색의 카스텔라를 구울 수 있답니다.

재 료

박력분 110g
녹차가루 8g
설탕 120g
꿀 25g
베이킹파우더 1g
달걀 3개
달걀노른자 2개
우유 20g
녹인 버터 30g
럼 10g

Recipe

1 달걀을 거품 내기 전에 사각틀에 유산지를 깔고

2 볼에 녹인 버터와 우유, 럼을 섞어요.

3 또 다른 볼에 실온에 둔 달걀과 달걀노른자를 풀고 설탕, 꿀을 넣어 가볍게 섞고

4 따뜻한 물을 받쳐 핸드믹서로 거품을 내요.

5 거품 자국이 선명하게 남을 때까지 10~15분 간 충분히 휘핑하세요.

6 박력분과 녹차가루, 베이킹파우더를 세 번 정도 체 쳐서 넣고 주걱으로 바닥을 훑어가며 거품이 꺼지지 않게 재빨리, 밀가루가 보이지 않게 골고루 섞어요.

7 6의 반죽 일부를 덜어 2의 버터, 우유, 럼이 담긴 볼에 넣고

8 주걱으로 완전히 섞은 다음 6의 반죽에 다시 부어

9 거품이 꺼지지 않게 재빨리 섞어 반죽을 완성해요.

10 유산지를 깐 사각틀에 반죽을 붓고 표면이 정리되게 틀을 살짝 흔들어요.

11 160~165℃로 예열한 오븐에서 25~30분간 굽고

12 팬에 실리콘 페이퍼를 깔고 카스텔라를 뒤집어 식혀요.

하 루 의 스 트 레 스 를 날 려 주 는 맛

생크림 롤케이크

돌돌 말려 있는 시트 속에 부드러운 생크림과 과일을 넣어 만든
롤케이크는 촉촉하고 부드러운 맛이 매력적인 빵이에요.
한 조각씩 잘라 향긋한 얼 그레이와 먹으면
하루의 스트레스와 피로를 단숨에 날려버릴 수 있어요.

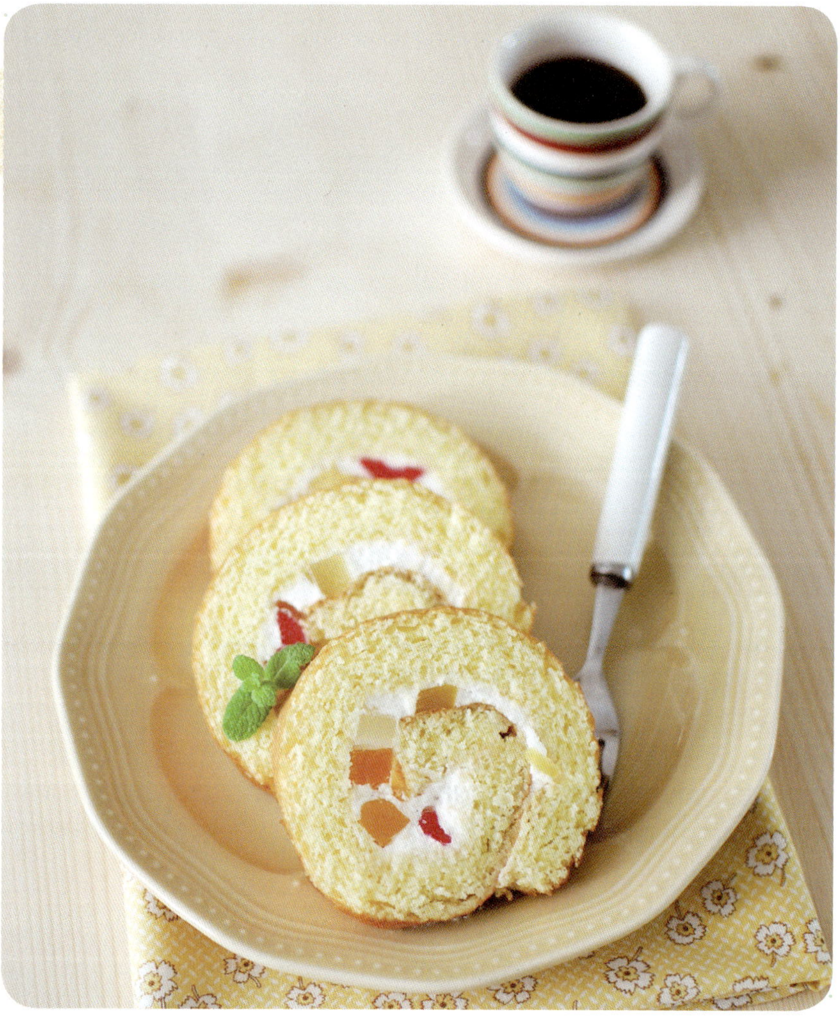

34×25cm
사각틀 1개 분량

박력분 90g
설탕 100g
베이킹파우더 1g
달걀 3개
우유 20g
포도씨유 30g

크림

생크림 150g
설탕 20g
럼 5g
통조림 과일 100g

Recipe

1 사각틀에 유산지를 깔고

2 우유와 포도씨유를 미지근하게 데워요.

3 또 다른 볼에 실온에 둔 달걀을 풀고 설탕을 넣어 거품기로 가볍게 섞어요.

4 핸드믹서로 거품 자국이 선명하게 남을 때까지 10~15분간 충분히 휘핑해요.

5 박력분과 베이킹파우더를 세 번 정도 체 쳐서 넣고 주걱으로 바닥을 훑어가며 거품이 꺼지지 않고 밀가루가 보이지 않게 섞어요.

6 5의 반죽 일부를 덜어 2의 우유와 포도씨유가 담긴 볼에 넣어 골고루 섞고

7 나머지 5의 반죽에 부어 거품이 꺼지지 않게 재빨리 섞어요.

8 유산지를 깐 사각틀에 반죽을 붓고 표면을 정리하고

9 185~190℃로 예열한 오븐에서 10분 정도 굽고 온도를 160℃로 낮춰 10~12분간 더 구운 뒤 식힘망으로 옮겨 식혀요.

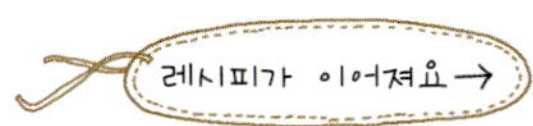

롤케이크를 만들 때 윗불이 없거나 약한 오븐에서 시트를 구우면 윗면 이 눅눅해질 수 있어요. 그런 시트 를 면 보자기나 종이 위에 놓고 말 면 시트가 면 보자기나 종이에 붙 어 엉망이 돼버리죠. 시트의 윗면 이 진한 갈색이 날 정도로 잘 구워 야 표면이 깔끔한 롤케이크를 완성 할 수 있답니다.

10 차가운 생크림에 설탕 과 럼을 넣어 거품이 풍성하도록 충분히 휘핑하 세요.

11 젖은 면 보자기 위에 시트의 윗면이 바닥으 로 가도록 길게 놓고

12 시트의 사방 끝부분을 1cm 정도 남기고 생 크림을 균일하게 펴 바르고

13 물기를 제거한 통조림 과일을 골고루 올려서

14 김밥을 말 듯 시트를 단단하게 말고 면 보 자기로 롤케이크를 싸서 모 양이 잡히게 냉장고에 30분 정도 넣어두세요.

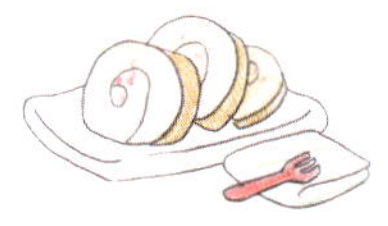

1 파 운 드 의   행 복

단호박 파운드케이크

한 게으른 주부가 밀가루와 설탕, 달걀, 버터를 각각 1파운드씩만 넣어
케이크를 구웠는데 그 맛이 기가 막히게 맛있어서 파운드케이크란 이름이 붙었다는 바로 그 케이크!
단호박뿐만 아니라 고구마나 건포도, 크랜베리 같은 마른 과일이나
호두, 피칸 등의 견과류를 넣어 만들어도 맛있어요.

재료

박력분 240g
설탕 160g
소금 2g
베이킹파우더 4g
달걀 3개
우유 50개
럼 20g
버터 180g

충전물

단호박 160g
설탕 20g

마무리

단호박 200g
설탕 120g
물 240g
미로와(또는 살구잼) 적당량

Recipe

1 냄비에 깍둑썬 단호박과 설탕을 넣고 단호박이 반쯤 잠기게 물을 부어 단호박을 반쯤 익혀요.

2 실온에 둔 버터를 부드럽게 풀고 설탕, 소금을 넣어 골고루 섞고

3 실온에 둔 달걀을 조금씩 넣어가며

4 크림 상태가 되게 휘핑하세요.

5 박력분, 베이킹파우더를 두 번 정도 체 쳐서 넣어 주걱으로 섞고

6 우유를 넣어 반죽에 윤기가 돌게 힘껏 섞어요.

7 달걀 비린내가 나지 않게 럼을 섞어요.

8 1의 단호박을 넣어 단호박이 으깨지지 않게 살살 섞어 반죽을 완성해요.

9 사각틀에 유산지를 깔고 반죽을 담고 가운데가 움푹 들어가게 주걱으로 정리해요.

10 180~185℃로 예열한 오븐에서 10~15분간 구워 윗면이 살짝 익으면 가운데를 칼로 긋고

11 온도를 160~165℃로 낮춰 20~25분간 더 구우세요.

12 단호박을 얇고 길게 썰어 냄비에 담고 설탕과 물을 넣어 윤기가 돌게 살짝 졸여요. 파운드케이크에 조린 단호박을 올리고 표면이 마르지 않게 미로와를 발라 마무리하세요.

035

몸에 좋은 블루베리가 가득

블루베리 머핀

블루베리는 산화 방지와 질병 예방, 노화 방지 등 다양한 효능이 있는 과실이에요.
〈타임〉지의 몸에 좋은 10대 음식에도 선정되었어요.
블루베리는 케이크, 타르트, 머핀 등의 베이킹에도 자주 쓰이는데,
먼저 블루베리를 가득 넣은 머핀부터 만들어볼까요.

케이크

재 료

박력분 80g
아몬드가루 20g
설탕 65g
소금 0.5g
베이킹파우더 2g
달걀 1개
생크림 30g
럼 6g
버터 70g
블루베리 70g

Recipe

1 실온에 두어 부드러워진 버터에 설탕, 소금을 넣어 거품기로 섞어요.

2 달걀을 두세 번에 나눠 넣어 크림 상태가 되도록 잘 저으세요.

3 박력분, 아몬드가루, 베이킹파우더를 두 번 정도 체 쳐서 넣고

4 골고루 섞은 다음 생크림을 넣고 반죽에 윤기가 돌게 힘껏 섞으세요.

5 럼을 넣어 섞고 블루베리를 넣어 가볍게 섞으세요.

6 반죽을 종이 머핀틀에 70~80% 정도 채우고 160~165℃로 예열한 오븐에서 25~30분간 구우세요.

036

정 말 잘 만 든 머 핀

초코 머핀

초코 머핀은 머핀의 대명사처럼 베이커리에서 흔히 판매되는,
또 자주 만들게 되는 머핀이에요. 잘 만든 초코 머핀은
브라우니나 초콜릿 케이크 못지않게 맛있답니다.
맛있는 초코 머핀을 위해서는 좋은 재료와 정성이라는 특별한 첨가물이 필요하겠죠.

케이크

재 료

박력분 85g
코코아 파우더 15g
황설탕 50g
꿀 20g
소금 0.5g
베이킹파우더 2g
달걀 1개
우유 20g
럼 6g
버터 70g
초코칩 60g

내복곰의 친절한 팁

머핀이나 파운드케이크류는 만들
고 나서 바로 먹는 것보다 밀봉해
서 하루나 이틀 정도 두면 촉촉하
고 부드러워 훨씬 맛있답니다.

Recipe

1 실온에 두어 부드러워진 버터에 황설탕, 꿀, 소금을 넣어 거품기로 섞으세요.

2 달걀을 두세 번에 나눠 넣어 크림 상태가 되도록 잘 섞으세요.

3 박력분, 코코아 파우더, 베이킹파우더를 두 번 정도 체 쳐서 골고루 섞고

4 우유를 넣어 반죽에 윤기가 돌게 힘껏 섞으세요.

5 럼을 섞고 반죽을 마무리해요.

6 초코칩은 토핑용으로 반은 남기고 나머지 반만 반죽에 넣어 살짝 섞고

7 짤주머니에 담아요.

8 머핀틀에 유산지를 깔고 반죽을 70~80% 채우고 남은 초코칩을 올리고

9 160~165℃로 예열한 오븐에서 25~30분간 구우세요.

구 겔 호 프 틀 에   구 운

호두 케이크

유럽에서 구겔호프는 이스트를 넣어 발효시킨 브리오슈 반죽으로 만든
과자 같은 빵을 말해요. 모자처럼 생긴 틀이 예뻐서 케이크 반죽을 넣어 굽기도 하는데
겨운 호두 케이크를 구겔호프틀에 구워봤어요.
먹기조차 아까울 만큼 너무 예쁜 모양의 케이크가 되었어요.

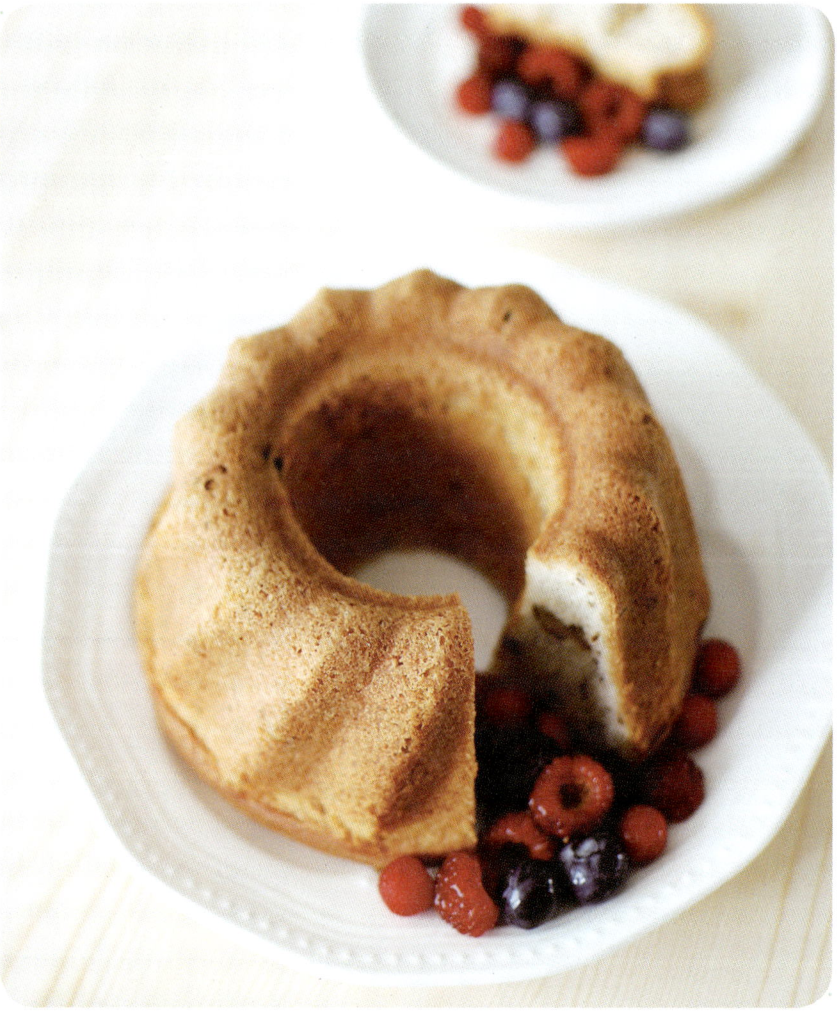

지름 17cm
구겔호프틀 1개 분량

박력분 120g
아몬드가루 40g
설탕 90g
꿀 30g
소금 1g
베이킹파우더 3g
달걀 2개
생크림 40g
바닐라액(또는 럼) 8g
버터 110g
호두 85g

틀 코팅용
버터 · 밀가루 적당량씩

Recipe

1 호두는 180℃로 예열한 오븐에서 5~6분간 굽거나 마른 팬에 살짝 볶아 적당한 크기로 자르세요.

2 틀에 버터를 바르고 밀가루를 뿌린 다음 여분의 밀가루를 털어내요.

3 실온에 둔 버터를 부드럽게 풀고 설탕, 꿀, 소금을 넣어 골고루 섞고

4 실온에 둔 달걀을 조금씩 넣어가며 크림 상태가 되게 휘핑하세요.

5 호두에 밀가루를 살짝 묻혀서 반죽에 넣고 가볍게 섞어요.

6 박력분과 아몬드가루, 베이킹파우더를 두 번 정도 체 쳐서 넣어 주걱으로 섞고

7 생크림을 넣어 반죽에 윤기가 돌게 힘껏 섞어요.

8 바닐라액이나 럼을 섞어 반죽을 완성해요.

9 2의 구겔호프틀에 반죽을 담고 160~165℃로 예열한 오븐에서 30~35분간 구우세요.

038

핑크빛 러블리 케이크

산딸기 미니 케이크

얇게 구운 고소한 아몬드 시트 사이에 산딸기 퓌레를 넣은 크림을 겹겹이 바르고
상큼한 산딸기를 올려 장식한 예쁜 조각 케이크!
갓 내린 향긋한 커피와 함께 즐겨보세요.
커피 타임이 더욱 행복해진답니다.

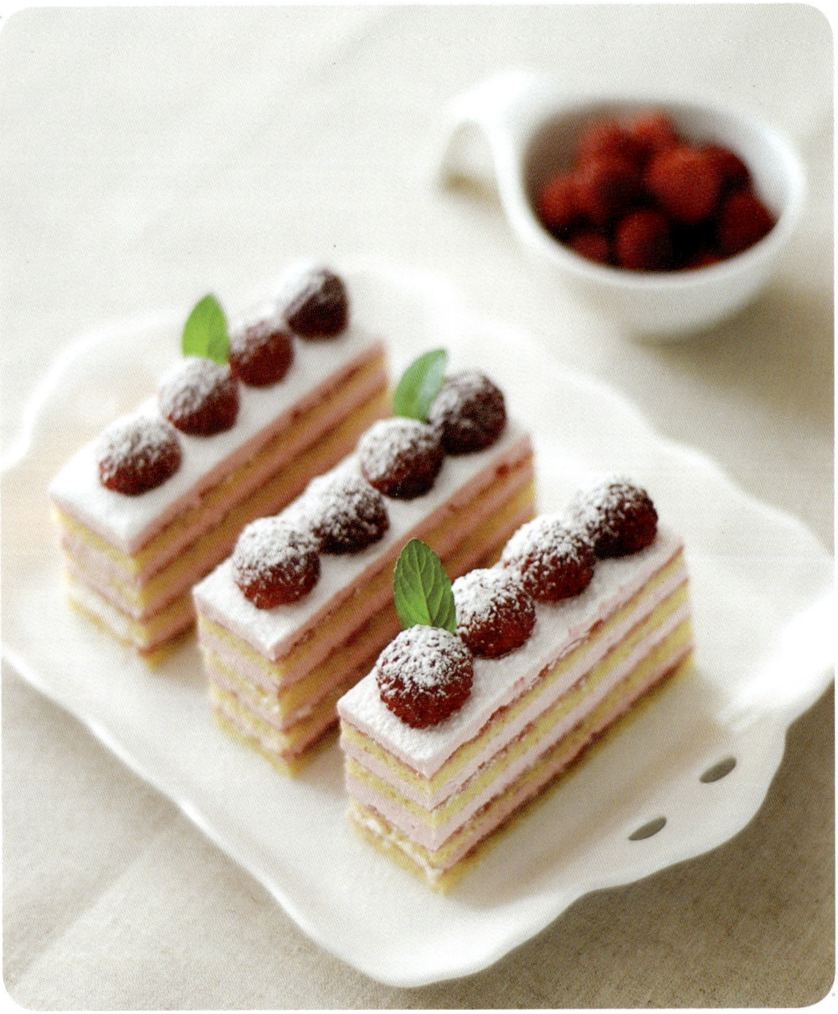

아몬드가루 40g
박력분 30g
설탕 80g
달걀 3개
녹인 버터 30g

산딸기 버터크림

버터크림 150g
산딸기 퓌레 30g

산딸기 시럽

설탕 30g
물 10g
산딸기 퓌레 30g

마무리

슈거 파우더 · 산딸기
적당량씩

Recipe

1 달걀은 흰자와 노른자를 분리한 다음, 달걀노른자에 설탕의 반을 넣고 거품기로 가볍게 섞어요.

2 반죽이 미색에 가까운 색이 될 때까지 핸드믹서로 8~10분간 충분히 거품을 내고

3 녹인 버터를 넣어 가볍게 섞어요.

4 깨끗한 볼에 달걀흰자를 담고 핸드믹서로 휘핑해요. 거품이 올라오면 나머지 설탕을 두세 번에 나눠 넣어가며 윤기 있고 단단한 머랭을 만들어요.

5 반죽에 머랭의 반을 넣고 주걱으로 가볍게 섞은 다음

6 아몬드가루와 박력분을 두세 번 체 쳐서 넣고 섞어요.

7 나머지 머랭을 넣고

8 주걱으로 바닥을 훑으면서 거품이 꺼지지 않게 조심스럽게 섞어요.

9 34×25cm 정도 크기의 사각팬에 유산지를 깔아 반죽을 붓고 표면을 스크래퍼로 평평하게 정리해요.

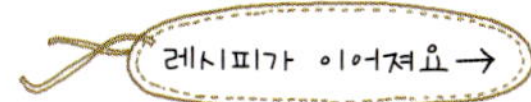

10 170~175℃로 예열한 오븐에서 7~8분 정도 구운 다음 식힘망으로 옮겨 식혀요.

11 버터크림에 산딸기 퓌레를 넣고

12 핸드믹서로 골고루 섞어 산딸기 버터크림을 만들어요.

13 냄비에 설탕, 물, 산딸기 퓌레를 넣어 불에 올린 다음 끓여서 산딸기 시럽을 만들어요.

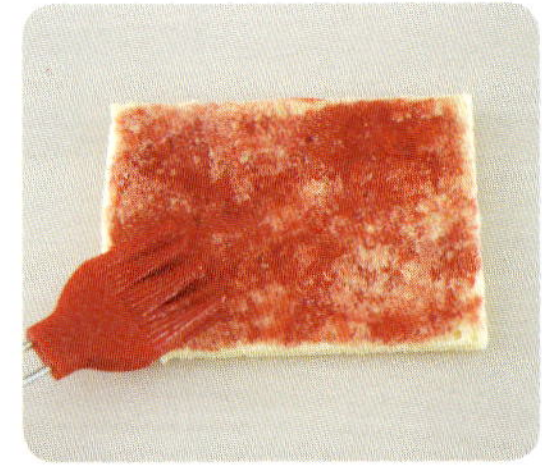

14 10의 시트를 4등분해서 산딸기 시럽이 시트에 촉촉이 스며들도록 바르고

15 그 위에 12의 산딸기 버터크림을 펴 발라요.

16 나머지 시트를 올려 산딸기 시럽과 산딸기 버터크림을 같은 방법으로 바르세요. 윗면을 평평하게 정리하고

17 슈거 파우더를 뿌린 다음 직사각형으로 자르고 산딸기를 올려 장식하세요.

039

속 재료에 따라 변신하는

베이비 슈

익힌 반죽을 실수로 한 번 더 구운 것에서 유래된 '슈(Chou)'는
겉은 바삭, 속은 텅 비어 있어 다양한 크림을 채워 넣을 수 있어요.
슈크림뿐 아니라 초콜릿과 생크림으로 만든 가나슈를 채우면
아이들이 좋아하는 홈런볼 과자가 된답니다.

재 료

중력분 60g
소금 0.5g
달걀 2개
물 70g
버터 60g

슈크림

커스터드 크림 150g
생크림 150g

Recipe

1 냄비에 물, 버터, 소금을 넣고 불에 올려 버터가 녹으면서 보글보글 끓으면 불에서 내리고 재빨리 중력분을 체 쳐서 넣으세요.

2 냄비를 다시 불에 올려 반죽을 10~20초 정도만 익히고 한 김 식히세요.

3 달걀을 풀어 반죽에 조금씩 넣어가며 거품기로 힘껏 섞어요.

4 반죽이 윤기가 돌고 되직한 상태가 되면 좋아요.

5 짤주머니에 지름 1cm 크기의 원형 깍지를 끼우고 반죽을 담아

6 팬에 일정한 간격을 두고 동그랗게 짜요.

7 반죽 위에 스프레이로 물을 충분히 뿌리고 반죽의 뾰족한 끝부분을 손으로 살짝 눌러요.

8 190~195℃로 예열한 오븐에서 10분간 구워 반죽이 부풀어 오르면 온도를 160~165℃로 낮춰 15~20분간 색을 보아가며 더 구우세요.

9 커스터드 크림을 준비해요.

10 생크림은 핸드믹서로 단단한 크림이 되도록 휘핑해서

11 9의 커스터드 크림과 가볍게 섞어 슈크림을 완성해요. 커스터드 크림과 생크림을 많이 섞으면 크림이 분리되니 살짝만 섞으세요.

12 짤주머니에 슈 깍지를 끼우고 슈크림을 담아 슈에 짜 넣어요. 슈 깍지 대신 크기가 작은 원형 깍지를 끼워 사용해도 좋아요.

040

각 종 견 과 류 를 넣 어 업 그 레 이 드 한

초코칩 쿠키

베이커리에 가면 꼭 만날 수 있는 초코칩 쿠키!
많은 사람들이 즐겨 찾는 쿠키 중 하나죠.
초코칩 쿠키에 호두나 피칸, 땅콩 같은 견과류를 더해 구우면
맛과 영양까지 풍부한 업그레이드 초코칩 쿠키 완성!

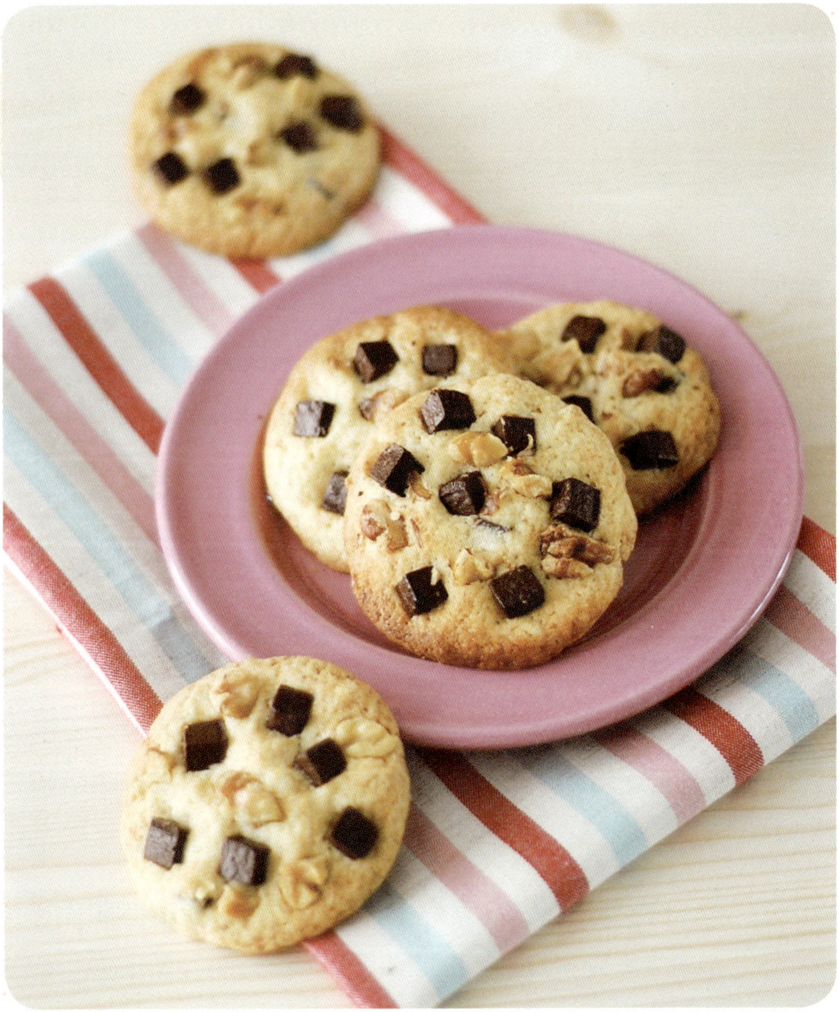

재 료

박력분 160g

황설탕 70g

물엿 20g

소금 1g

베이킹파우더 2g

달걀 1개

버터 110g

초코청크 100g

호두 50g

Recipe

1. 호두는 오븐이나 마른 팬에 구워서 잘게 자르고 초코청크 또는 초코칩도 함께 준비해요.

2. 실온에 둔 버터를 부드럽게 풀고 황설탕, 소금, 물엿을 넣고

3. 거품기로 가볍게 섞어요.

4. 미리 풀어둔 달걀을 두세 번에 나눠 넣고 크림 상태가 되도록 거품기로 저어요.

5. 박력분과 베이킹파우더를 함께 체 쳐서 넣고 주걱으로 가볍게 섞어요.

6. 호두와 초코청크는 토핑용으로 반을 남겨두고 나머지 반만 반죽에 넣어 살짝 섞어요.

7. 반죽을 15g씩 떼어 팬에 놓고 남겨놓은 호두와 초코청크를 반죽 위에 보기 좋게 올려요.

8. 175~180℃로 예열한 오븐에서 10분 정도 색을 보아가며 구우세요.

041

누구나 좋아하는 새콤달콤한 맛

크랜베리 쿠키

럼에 불린 크랜베리를 넣어 새콤달콤한 맛을 즐길 수 있는 쿠키예요.
동그란 모양뿐 아니라 세모, 네모 등 다양한 모양으로 만드는 재미가 쏠쏠하지요.
감사의 마음을 전하고 싶을 때 예쁘게 담아 선물하기에도 좋아요.

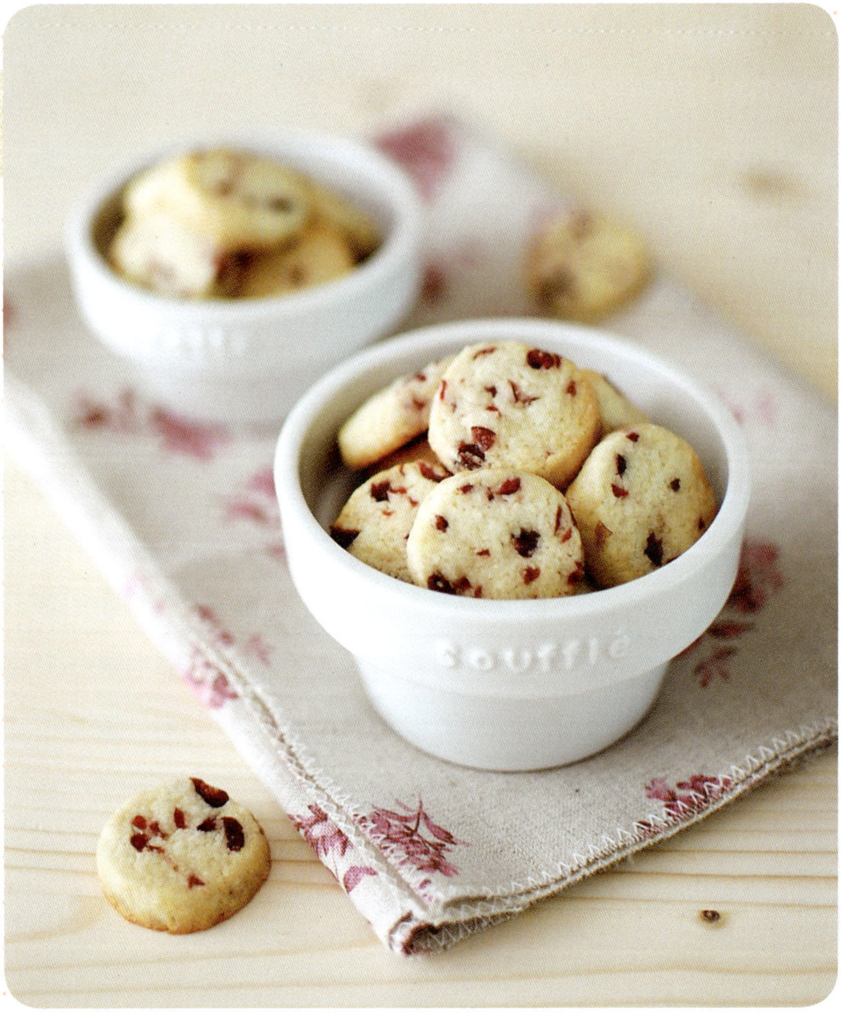

재료

박력분 100g
코코넛가루 30g
설탕 60g
소금 1g
베이킹파우더 1g
달걀 1/2개
버터 50g
카놀라유 15g
크랜베리 50g
럼 10g

Recipe

1 실온에 두어 부드럽게 녹은 버터에 카놀라유를 섞고 설탕, 소금을 넣어 가볍게 저어요.

2 실온에 둔 달걀을 풀어 반을 넣고 크림 상태가 되도록 거품기로 저어요.

3 박력분과 베이킹파우더를 함께 체 쳐서 넣고 주걱으로 가볍게 섞은 다음,

4 코코넛가루를 넣고 섞어요.

5 크랜베리는 반죽하기 1시간 전에 럼에 불려 반죽에 넣고

6 가볍게 뭉쳐서 비닐을 덮고 냉장고에 1시간 정도 넣어 살짝 굳혀요.

7 반죽을 손바닥으로 굴려 원통 모양으로 만들어 종이포일이나 유산지 위에 놓고

8 돌돌 말아서 냉동실에 1~2시간 정도 넣어두세요.

9 반죽을 0.5~0.8cm 두께로 잘라 175~180℃로 예열한 오븐에서 8~10분간 색을 보아가며 구우세요.

042

바 삭 해 서   자 꾸   손 이   가 는

코코넛 아몬드쿠키

코코넛 아몬드쿠키는 사각사각 씹히는 맛이 일품!
코코넛과 고소한 아몬드를 넣어 구운 바삭한 쿠키랍니다.
아침 식사를 거르고 학교에 가는 아이에게 한두 개 건네거나
주말 산행을 하는 남편의 등산 가방에 넣어주면 좋아요.

쿠키

재 료

박력분 140g

코코넛가루 70g

황설탕 90g

소금 1g

베이킹파우더 2g

달걀 1개

버터 50g

카놀라유 45g

바닐라액 8g

코코넛 롱 슬라이스 60g

아몬드 슬라이스 100g

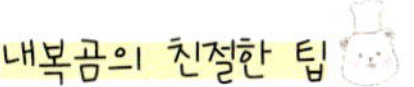

내복곰의 친절한 팁

푸드 프로세서는 요리뿐만 아니라 베이킹에도 자주 쓰이는 유용한 도구예요. 간단하게 쿠키도 만들 수 있고 바삭한 타르트지나 파이지를 만들 때도 무척 편리해요. 또, 칼날이 다양해서 발효빵 반죽이 가능한 프로세서도 있답니다.

R e c i p e

1. 푸드 프로세서에 카놀라유, 버터, 달걀, 황설탕, 소금, 바닐라액을 모두 넣고

2. 재료가 골고루 섞이도록 잠시 돌려요.

3. 박력분, 코코넛가루, 베이킹파우더를 체 쳐서 넣고

4. 푸드 프로세서를 잠시 작동시켜요.

5. 코코넛 롱 슬라이스와 아몬드 슬라이스는 토핑용으로 반 정도 남겨놓고 넣는데 재료가 섞일 정도만 푸드 프로세서를 살짝 돌려요.

6. 반죽을 비닐로 싸서 냉장고에 1시간 정도 넣어 살짝 굳혀요.

7. 반죽을 약 15g씩 떼어 동그랗게 만들어 팬에 놓고

8. 손으로 살며시 누른 다음, 남겨둔 코코넛 롱 슬라이스와 아몬드 슬라이스를 반죽 위에 올려서 손으로 살짝 눌러요.

9. 175~180℃로 예열한 오븐에서 10~12분 정도 바삭하게 구우세요.

043

예쁜 상자에 넣어 선물해~

너트 쿠키

너트 쿠키는 건과류와 마른 과일을 토핑으로 듬뿍 올려 구운 고급스러우면서
건강한 쿠키예요. 하나씩 포장해서 예쁜 상자에 담으면
감사의 마음을 전할 수 있는 좋은 선물이 되겠지요.

쿠
키

재 료

박력분 80g
아몬드가루 20g
설탕 55g
소금 0.5g
베이킹파우더 0.5g
달걀노른자 1개
버터 60g
바닐라액 5g

토핑

견과류(아몬드, 피칸, 마카
다미아, 호박씨, 크랜베리,
오렌지필) 120g

Recipe

1 아몬드, 피칸, 마카다미아, 호박씨는 오븐에 살짝 굽고 크랜베리와 오렌지필도 토핑으로 준비해요.

2 실온에 둔 버터를 부드럽게 풀어서 설탕과 소금을 섞고

3 달걀노른자를 넣어 가볍게 섞어요.

4 달걀 비린내를 없애기 위해 바닐라액을 섞고

5 박력분과 아몬드가루, 베이킹파우더를 함께 체쳐서 넣고

6 주걱으로 가볍게 섞어요.

7 반죽을 약 12~15g씩 떼어 동그랗게 만들어 팬에 놓고

8 손으로 살며시 눌러준 다음 1의 견과류와 건과일을 반죽 위에 골고루 올려요.

9 175~180℃로 예열한 오븐에서 8~10분 정도 색을 살펴가며 구우세요.

044

예쁘서 먹기 아까운

초콜릿 토핑 쿠키

보기 좋은 떡이 먹기도 좋다는 말이 있죠. 쿠키 하나를 구워도 마찬가지예요.
예쁘게 구운 쿠키가 더욱 맛있게 느껴지니까요.
초코 반죽을 쿠키 틀로 예쁘게 찍어서 굽고 화이트 초콜릿을 토핑으로 뿌리면
이보다 더 예쁜 쿠키가 있을까 싶어요.

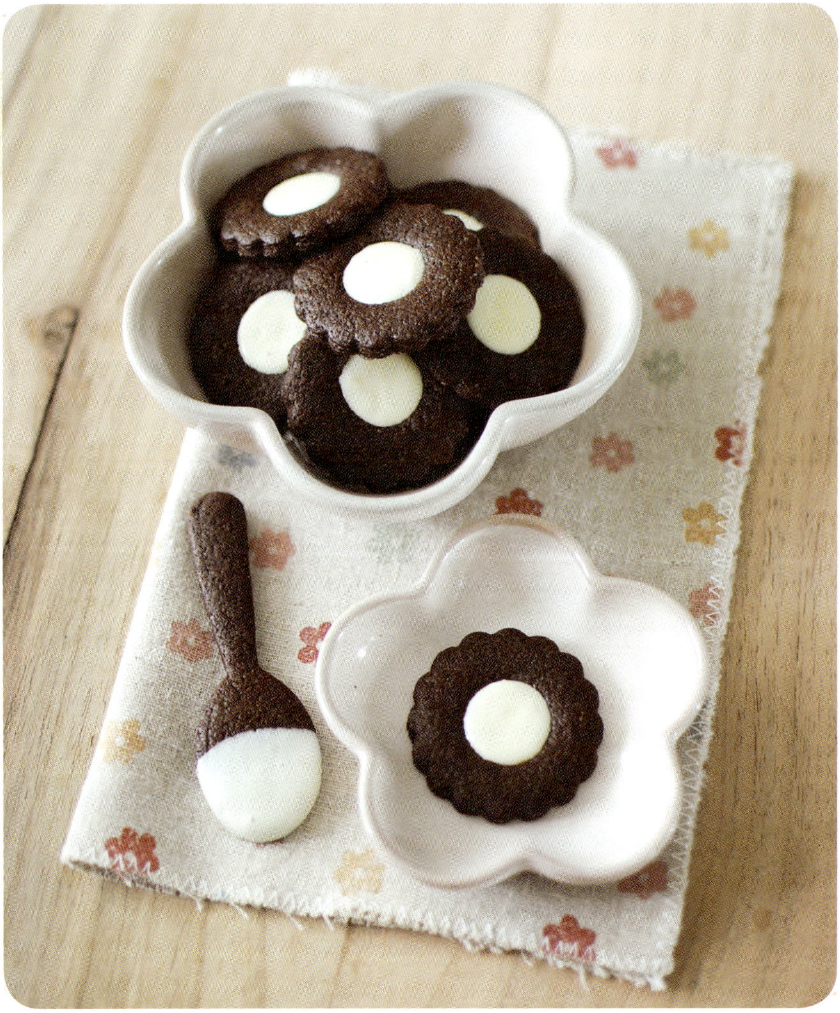

재 료

박력분 110g
코코아 파우더 20g
설탕 65g
소금 0.5g
달걀 1/2개
버터 60g
바닐라 액(또는 럼) 5g

토핑

화이트 초콜릿 100g

Recipe

1 실온에 두어 부드러워진 버터에 설탕과 소금을 섞고

2 실온에 둔 달걀을 두 번에 나눠 넣어 크림 상태가 되도록 거품기로 가볍게 저어요.

3 달걀 비린내가 나지 않게 바닐라 액이나 럼을 넣고

4 박력분과 코코아 파우더를 함께 체 쳐서 넣어

5 주걱으로 가볍게 섞어요.

6 반죽을 비닐 위에 놓고 비닐로 덮어서 밀대로 0.3~0.5cm 두께로 밀고

7 반죽을 쿠키 커터로 예쁘게 찍고

8 모양이 망가지지 않게 팬에 조심스럽게 옮겨요.

9 175~180℃로 예열한 오븐에서 8~10분간 굽고 틀째 식혀요. 초콜릿을 중탕으로 녹여 짤주머니에 담아 쿠키 안에 예쁘게 짜요.

045

견 과 류 를   사 랑 한   쿠 키

누가 쿠키

부드러운 쿠키 안에 토핑으로 고소한 마카다미아 너트를 넣은
누가 쿠키예요. 마카다미아 너트도 좋지만 아몬드나 호두 등
다양한 건과류를 넣어도 맛있답니다.
어른들 간식으로도 그만인 건강 쿠키네요.

쿠
키

재 료

박력분 75g
슈거 파우더 35g
달걀흰자 15g
버터 50g

토핑

마카다미아 50g
설탕 30g
생크림 50g
물엿 20g
버터 30g

Recipe

1 실온에 두어 부드러워진 버터에 슈거 파우더를 가볍게 섞고 달걀흰자를 넣어 잘 저어요.

2 박력분을 체 쳐서 넣어

3 주걱으로 가볍게 섞어요.

4 짤주머니에 지름 1cm 크기의 둥근 깍지를 끼우고 반죽을 담아요.

5 5cm 크기의 원형 쿠키 커터에 밀가루를 묻히고 팬에 찍어 원을 그리고

6 원을 따라 반죽을 동그랗고 균일하게 짜요.

7 냄비에 생크림, 설탕, 물엿, 버터를 넣어 불에 올리고

8 끓여서 갈색이 되면 마카다미아를 다져 넣어 누가 토핑을 만들어요.

9 반죽 안에 숟가락으로 토핑을 떠 넣고 180℃로 예열한 오븐에서 8~10분간 구우세요.

바삭바삭 달콤달콤
립파이

나뭇잎 모양의 립파이는 층층이 살아 있는 결이 바삭하게 부서지는
맛으로 먹는 과자예요. 파이의 바삭한 결을 잘 살리려면
비비가 굳을 수 있게 반죽을 충분히 휴지시키고 밀대로 한껏 밀어야 한답니다.
자자, 우리 모두 팔힘을 길러 도전해보자고요!

파
이

재 료

박력분 200g
소금 2g
물 70g
버터 180g

토핑
설탕 적당량

Recipe

1 볼에 박력분, 소금을 넣어 골고루 섞고 차가운 버터를 잘라 넣어요.

2 끝이 둥근 스크래퍼로 밀가루와 버터를 섞어가며 버터를 잘게 다지고

3 찬물을 넣고

4 반죽을 가볍게 뭉쳐요.

5 반죽을 밀대로 밀기 좋게 납작하게 눌러 비닐에 싸서 냉장고에 1시간 정도 넣어 휴지시켜요.

6 덧밀가루를 충분히 뿌려가며 반죽을 밀대로 밀어 직사각형 모양으로 만들고

7 붓으로 여분의 밀가루를 깨끗이 털어내고 반죽의 양끝을 접어

8 반죽이 세 겹이 되도록 만들어요.

9 세 겹이 된 반죽을 비닐에 싸서 냉장고에 넣어 30분 정도 휴지시키고 6~8의 과정을 두 번 더 반복해요.

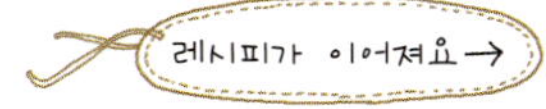

10 반죽을 밀대로 0.4∼0.5cm 두께로 얇게 밀고

11 종이로 나뭇잎 모양을 본떠서 반죽 위에 놓고 칼을 이용해 반죽을 잘라요.

12 반죽을 팬에 놓고 칼로 잎맥을 긋고

13 스프레이로 물을 살짝 뿌려요.

14 반죽 위에 토핑으로 설탕을 뿌리고

15 180∼185℃로 예열한 오븐에서 15∼18분간 색을 보아가며 구우세요.

찬 바 람 부 는 날 에 만 들 어 보 자

호두파이

고소한 호두와 달콤한 필링을 채워 구운 호두파이는 호두파이만 만들어 파는
전문점이 따로 생길 정도로 인기 있어요. 하지만 무더운 여름에는 버터가 질척거려 파이지를
반죽하기도 힘들고 습한 날씨 탓에 바삭한 파이의 제맛을 느끼기가 힘들어요.
찬바람이 부는 가을에 특별 메뉴로 만들어보면 어떨까요.

재료

파이지

중력분 100g
슈거 파우더 15g
소금 0.5g
물 10g
버터 60g

필링

호두 60g
황설탕 20g
올리고당 30g
소금 0.5g
생크림 20g
달걀 1개
녹인 버터 10g
럼 5g
계핏가루 1g

Recipe

1 볼에 중력분, 슈거 파우더, 소금을 담고 골고루 섞어요.

2 차가운 버터를 잘라 넣고

3 스크래퍼로 버터와 밀가루를 섞어가며 버터를 잘게 다져요.

4 찬물을 넣고

5 반죽을 가볍게 뭉쳐요.

8 반죽을 납작하게 눌러 비닐에 담아 냉장고에 넣어 1시간 정도 휴지시켜요.

7 반죽을 비닐팩에 넣어 밀대로 0.3~0.5cm 두께로 밀고

8 반죽을 타르트틀에 놓고 반죽이 틀에 꼭 맞게 들어가게 손으로 눌러 자리를 잡고 밀대를 굴려 틀의 가장자리를 정리해요.

9 파이 바닥에 포크를 눌러 구멍을 내고

10 반죽이 부풀어 오르지 않게 바닥에 유산지를 깔고 누름돌을 올려요.

11 180℃로 예열한 오븐에서 10~12분간 파이지를 먼저 구우세요.

12 호두는 180℃로 예열한 오븐에서 5~6분간 굽거나 마른 팬에 살짝 볶은 다음 칼을 이용해 적당한 크기로 다져요.

13 볼에 달걀을 풀고 황설탕, 올리고당, 소금을 넣어 거품기로 골고루 섞고

14 버터를 녹여 넣고 생크림, 럼, 계핏가루, 호두를 넣어 필링을 완성해요.

15 11의 파이지에 필링을 80~90% 채우고 180℃로 예열한 오븐에서 약 20분간 구우세요.

베이커리의 팔방미인

미니 크루아상

프랑스어로 초승달을 뜻하는 크루아상은 유지가 많이 들어 있어
고소하면서도 담백해요. 유럽에서는 아침식사로 많이 먹는 빵이지요.
미니 사이즈로 만들어서 그냥 먹어도 맛있고,
보통 크기로 구워 샌드위치로 만들어도 좋아요.

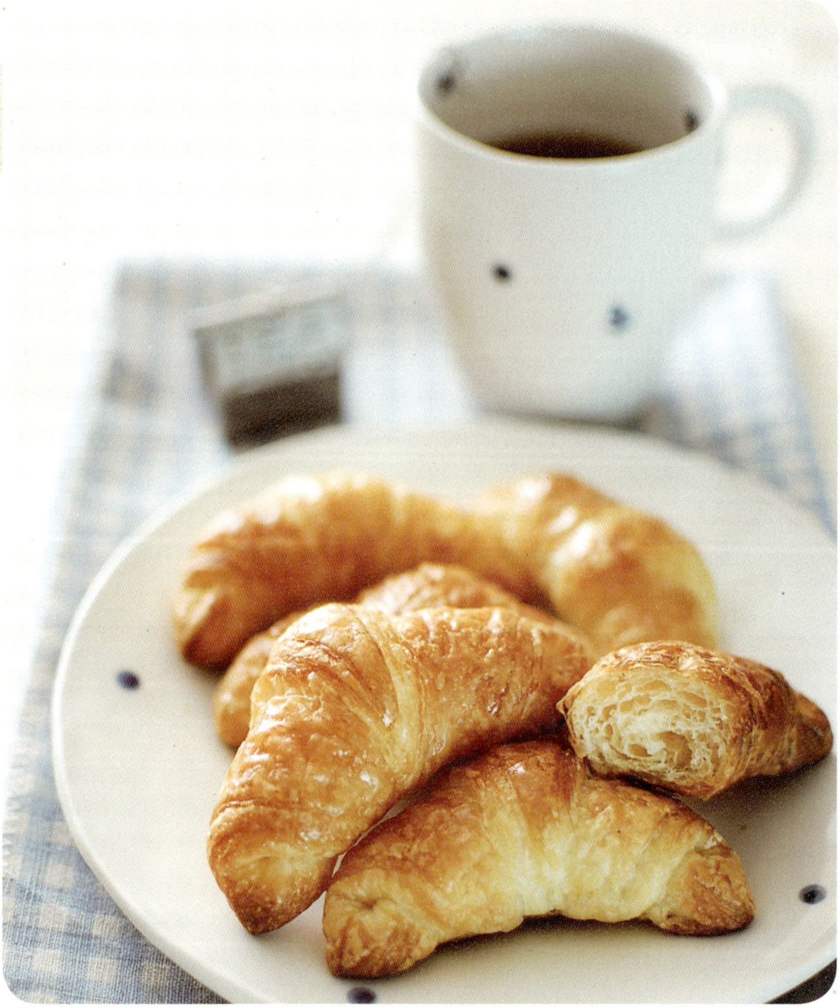

재 료

강력분 250g
박력분 50g
설탕 40g
소금 6g
인스턴트이스트 6g
달걀 1개
우유 70g
물 60g
버터 30g

충전물

버터 140g

마무리(달걀물)

달걀 10g
우유 20g

Recipe

1 완성된 페이스트리 반죽을 준비해요.

2 반죽을 적당히 잘라 덧밀가루를 뿌려가며 밀대로 0.3~0.4cm 두께로 밀고

3 자를 이용해 밑변 6cm, 높이 10.5cm 크기의 이등변 삼각형을 그리고 칼로 반죽을 잘라요.

4 덧밀가루를 털어내고 삼각형인 반죽 밑변의 중심을 1cm 정도 자르고

5 자른 부분을 살짝 벌려 끝부분부터 말아 크루아상 모양으로 만들어요.

6 반죽의 뾰족한 끝부분이 바닥으로 가도록 팬에 놓고 비닐을 덮어 50~60분간 발효를 시켜요.

7 달걀과 우유를 섞어 만든 달걀물을 표면에 바르고

8 195~200℃로 예열한 오븐에서 약 12분간 구우세요.

출출할 때 간식으로 즐기는

찰떡 머핀

찹쌀가루에 단팥을 넣어 하나씩 먹기 좋게 만든 찰떡 머핀은
오븐에 구웠지만 쫀득쫀득한 떡에 더 가까워요.
찹쌀가루는 물에 불려 방앗간에서 빻은 것과 완전히 건조시킨 것이 있는데
건조된 제품을 사용할 때는 들어가는 액체 양을 늘려서 만드세요.

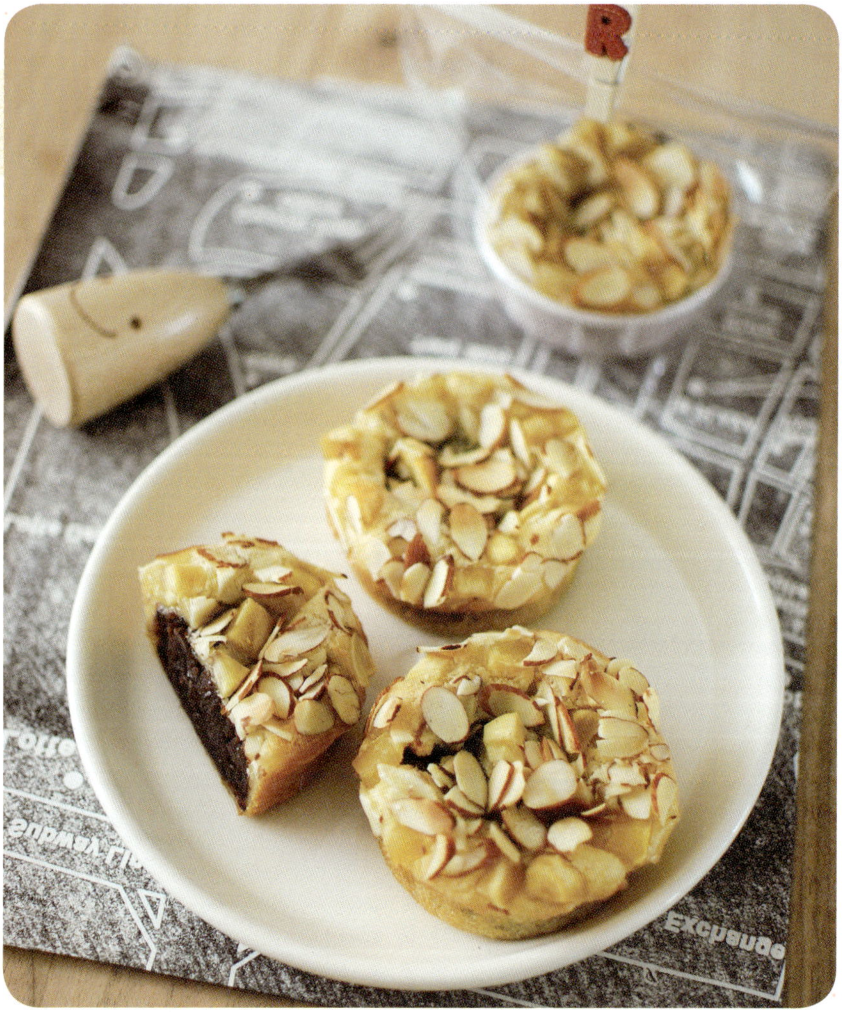

6개 분량

찹쌀가루 200g
설탕 40g
소금 2g
베이킹파우더 2g
달걀 1개
우유 60g
녹인 버터 25g

속 재료
단팥 앙금 240g

토핑
통조림 밤 50g
슬라이스 아몬드 30g

틀 코팅용
버터 적당량

R e c i p e

1. 단팥 앙금을 준비해요.

2. 달걀을 볼에 풀고 설탕, 소금을 넣어 거품기로 가볍게 저어서

3. 차갑지 않은 실온 상태의 우유를 섞어요.

4. 찹쌀가루와 베이킹파우더를 체 쳐서 골고루 섞고

5. 버터를 녹여 잘 섞어 반죽을 완성해요.

6. 머핀틀에 버터를 바르고 반죽을 틀의 1/3 정도만 채워요.

7. 단팥 앙금을 40g 정도 넣고

8. 단팥 앙금이 덮이게 반죽을 붓고 슬라이스 아몬드와 통조림 밤을 잘라서 올려요.

9. 165~175℃로 예열한 오븐에서 20~25분간 굽고 칼을 이용해 틀에서 찰떡 머핀을 꺼내세요.

그 리 운   어 린   시 절 의   맛

호두과자

호두껍질 모양의 호두과자틀만 있으면 추억의 호두과자를 집에서도 만들 수 있어요.
호두과자틀은 제과제빵 재료 사이트에서 쉽게 구입할 수 있어요.
호두과자틀에 마들렌 반죽을 넣어 호두 모양의 마들렌을 만들어보는 것도 재미있어요.

디저트

박력분 100g
설탕 30g
소금 1g
베이킹파우더 2g
달걀 1개
우유 70~80g
녹인 버터 40g
럼 6g

속 재료

단팥 앙금 240g
호두 80g

Recipe

1 실온에 둔 달걀을 풀고 설탕, 소금을 넣어 가볍게 섞고

2 차갑지 않은 실온 상태의 우유를 섞어요.

3 박력분과 베이킹파우더를 체 쳐서 넣어 거품기로 잘 섞고

4 버터를 녹여 넣고 잘 저어요.

5 마지막으로 럼을 넣어 반죽을 완성하고

6 반죽을 짤주머니에 담아 냉장고에 1시간 정도 넣어요.

7 단팥 앙금을 동그랗게 빚고 호두를 오븐에 살짝 구워 잘라놓아요.

8 팬에 버터를 바르고 6의 반죽을 조금 짜 넣고 단팥 앙금과 호두를 올려요.

9 반죽으로 단팥 앙금을 덮고 호두를 조금 올려 160~165℃로 예열한 오븐에서 18~20분간 구우세요.

달콤한 도넛이 생각나는 날엔
초코 케이크 도넛

달콤하고 폭신폭신한 도넛이 생각나는 날! 베이커리나 도넛 가게보다
더 예쁘고 맛있는 도넛을 만들 수 있는 비법을 소개합니다.
만드리면 조금은 수고스럽겠지만, 더 맛있는 도넛을 먹을 수 있으니
그 정도쯤이야 충분히 감수할 수 있어요.

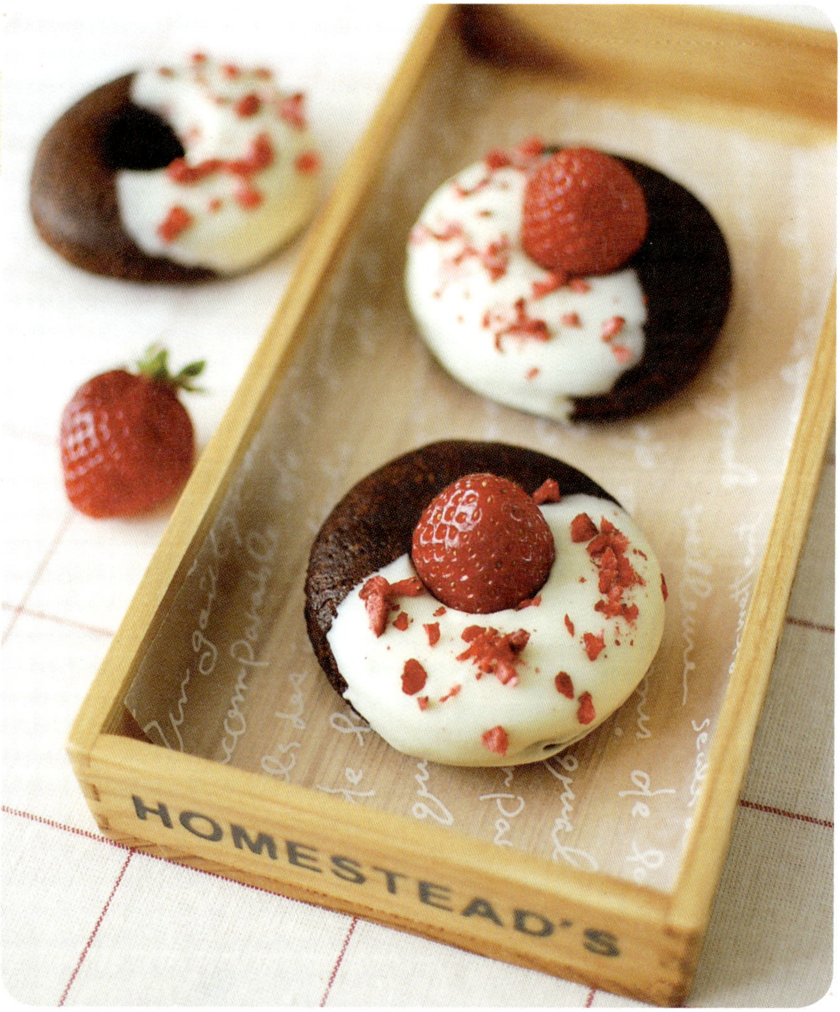

재 료

박력분 200g
코코아 파우더 20g
설탕 60g
소금 1g
베이킹파우더 4g
달걀 1개
우유 30g
녹인 버터 25g
튀김기름 적당량

토핑
화이트 초콜릿 100g
딸기 · 건조딸기 다이스 적
당량씩

내복곰의 친절한 팁

동그란 링 모양의 예쁜 도넛을 만
들고 싶다면 반죽을 잠시 휴지시키
는 과정이 중요해요. 반죽을 밀고
바로 틀로 찍으면 반죽이 수축해서
도넛 모양이 망가질 수 있답니다.
반죽을 밀어서 3분 정도 기다렸다
틀로 찍어내세요.

Recipe

1. 달걀을 볼에 풀어서 설탕, 소금을 넣어 거품기로 저어요.

2. 실온 상태의 우유를 섞고

3. 녹인 버터를 넣어 거품기로 골고루 저어요.

4. 박력분, 코코아 파우더, 베이킹파우더를 두 번 정도 체 쳐서 넣고

5. 한 덩어리가 되게 가볍게 뭉쳐요.

6. 반죽을 비닐에 싸서 냉장실에 넣고 20~30분간 휴지시켜요.

7. 비닐팩에 반죽을 넣어 1cm 두께로 밀고

8. 반죽을 3분 정도 그대로 두었다가 틀로 찍어요.

9. 180~185℃의 튀김기름에서 3분 정도 튀긴 다음 중탕으로 녹인 초콜릿을 묻히고 딸기와 딸기 다이스를 뿌려 예쁘게 장식해요.

내복곰 Bakery & Cafe
open

Part 2.

새롭게 떠오르는 인기 브레드 총집합!

따끈따끈 베이커리

치아바타

잉클리시 머핀

올리브 포카치아

플레인 베이글

바나나 발효종 피칸빵

건포도 발효종 캄파뉴

하드롤

파프리카 식빵

단호박 검은깨 식빵

새우 칼조네

갈릭 치즈난

버섯빵

올리브 브레드

스위트 칠리 브레드

치즈 스틱

까르보나라 피자

마르게리타 피자

새우 브로콜리 피자

감자 소시지 포카치아

불고기 베이커

햄 양파 파니니

호두 방망이빵

하와이언 브리오슈

벨지언 와플

모카번

햄 치즈 올리브 브레드

078 브라운 브레드

079 크라믹

080 오레오 치즈케이크

081 산딸기 무스케이크

082 러블리 산딸기 컵케이크

083 크림치즈 미니 컵케이크

084 체리 포레스트 케이크

085 티라미수

086 초콜릿 무스케이크

087 브라우니 쿠키

088 초콜릿 크랙쿠키

089 바닐라 머랭 쿠키

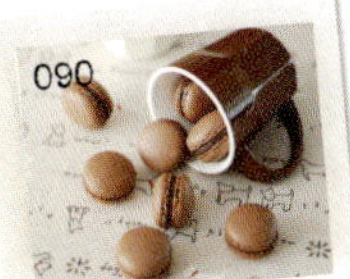

090 초콜릿 마카롱

091 오트밀 크랜베리 스콘

092 비스킷

093 모카크림 붓세

094 호두 슈거볼

095 아몬드 튀일

096 너트 타르트

097 에그 타르트

098 앨리게이트 파이

099 딸기 페이스트리

100 과일 퐁듀

101 퐁당 쇼콜라

102 초코 푸딩

103 산딸기 바닐라 푸딩

052

투 박 하 지 만   정 이   가 는
치아바타

이탈리아어로 '납작한 슬리퍼'를 뜻하는 치아바타는
반죽을 뚝뚝 잘라 구운 투박한 모양의 이탈리아 빵이에요.
이스트를 적게 넣고 오랜 시간 발효시켜 쫄깃한 식감과 담백한 맛이 특징이지요.
샌드위치를 만들기에도 참 좋아요.

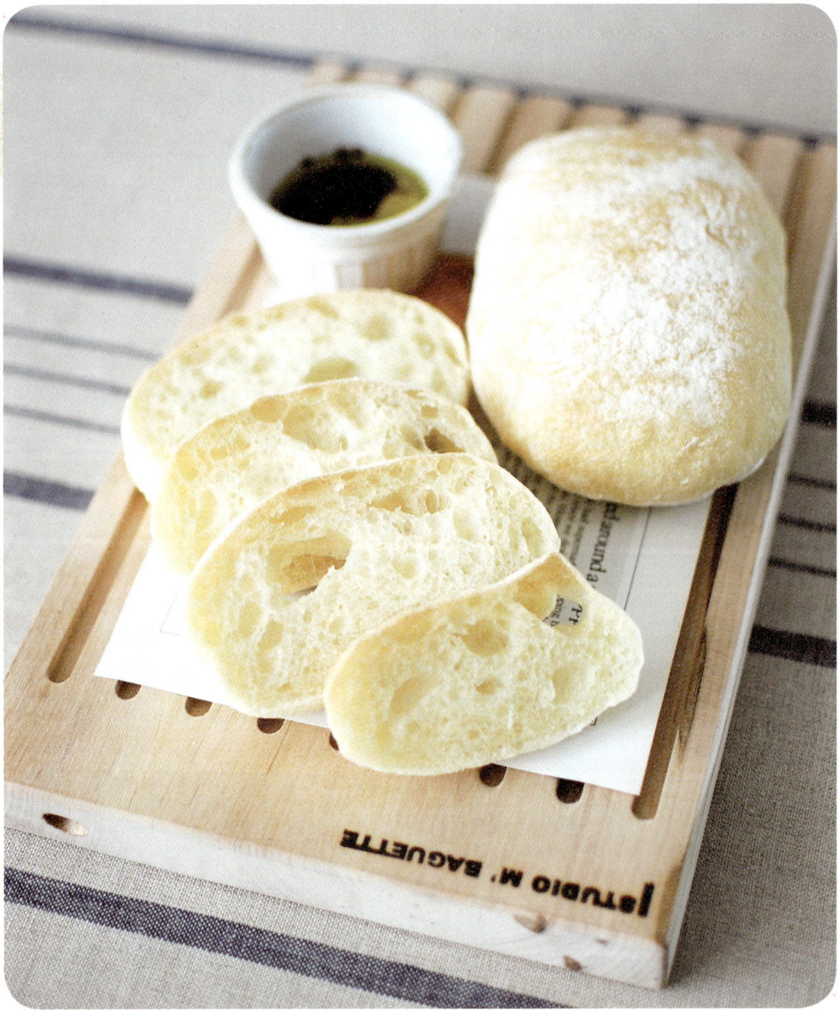

재 료

종반죽

강력분 200g
물 200g
인스턴트이스트 1g

본반죽

강력분 400g
소금 12g
인스턴트이스트 1g
물 220g
올리브유 40g

Recipe

1 종반죽 재료를 볼에 넣어 가볍게 섞고 비닐을 덮어 12~15시간 동안 실온에서 발효시켜요.

2 볼에 본반죽 재료인 강력분, 소금, 이스트를 넣어 가볍게 섞으세요.

3 물, 올리브유, 1의 발효된 종반죽을 모두 넣고

4 일반 빵보다 짧게 8~10분 정도 반죽하세요. 이스트가 적게 들어가고 발효 시간이 긴 빵은 상대적으로 반죽을 짧게 해요.

5 플라스틱 용기에 분량 외의 올리브유를 바르고 반죽을 담고 뚜껑을 살포시 덮어요.

6 1시간 30분에서 2시간 동안 1차 발효를 시키고

7 덧밀가루를 충분히 바른 작업대에 반죽을 살살 쏟아 붓고 스크래퍼로 반죽을 직사각형 모양으로 만들어서 원하는 크기대로 뚝뚝 잘라요.

8 반죽을 팬에 놓고 반죽이 붙지 않게 플라스틱 용기를 덮어 60~90분 동안 2차 발효를 시켜요. 치아바타는 중간 발효를 생략해요.

9 195~200℃로 예열한 오븐에서 18~20분간 구우세요.

치 아 바 타 로   만 든

햄 샌드위치

치아바타는 특유의 담백함과 쫄깃한 식감 때문에 샌드위치를 만들기에 더없이 좋은 빵이에요.
치아바타로 만드는 샌드위치 전문점이 많은 것도 이런 이유에서죠.
샌드위치 재료로는 햄이나 고기, 채소, 모차렐라 치즈, 토마토 등 다양하게 쓸 수 있어요.

재 료　

치아바타 빵 1개
슬라이스 햄 3~4개
토마토 1/2개
양상추 · 어린잎 채소 적당량씩

소스

마요네즈 1큰술
홀그레인 머스터드 · 꿀 약간씩

Recipe

1 양상추와 어린잎 채소는 찬물에 담갔다 건져 물기를 빼고 토마토는 자르고 슬라이스 햄을 준비해요.

2 마요네즈에 홀그레인 머스터드, 꿀을 약간 섞어 소스를 만들어요.

3 치아바타 가운데를 잘라

4 머스터드 소스를 충분히 발라요.

5 양상추와 토마토를 올리고

6 어린잎 채소와 슬라이스 햄을 올려 샌드위치를 만들어요.

053

우아한 아침식사를 즐겨볼까?

잉글리시 머핀

잉글리시 머핀은 영국인들이 아침 식사로 즐겨 먹는 담백한 빵이에요.
우리가 흔히 아는 컵케이크 모양의 달콤한 머핀과 구별하기 위해
잉글리시 머핀이라 부른답니다. 갓 구운 베이컨, 달걀 프라이,
신선한 채소 등과 함께 즐겨보세요.

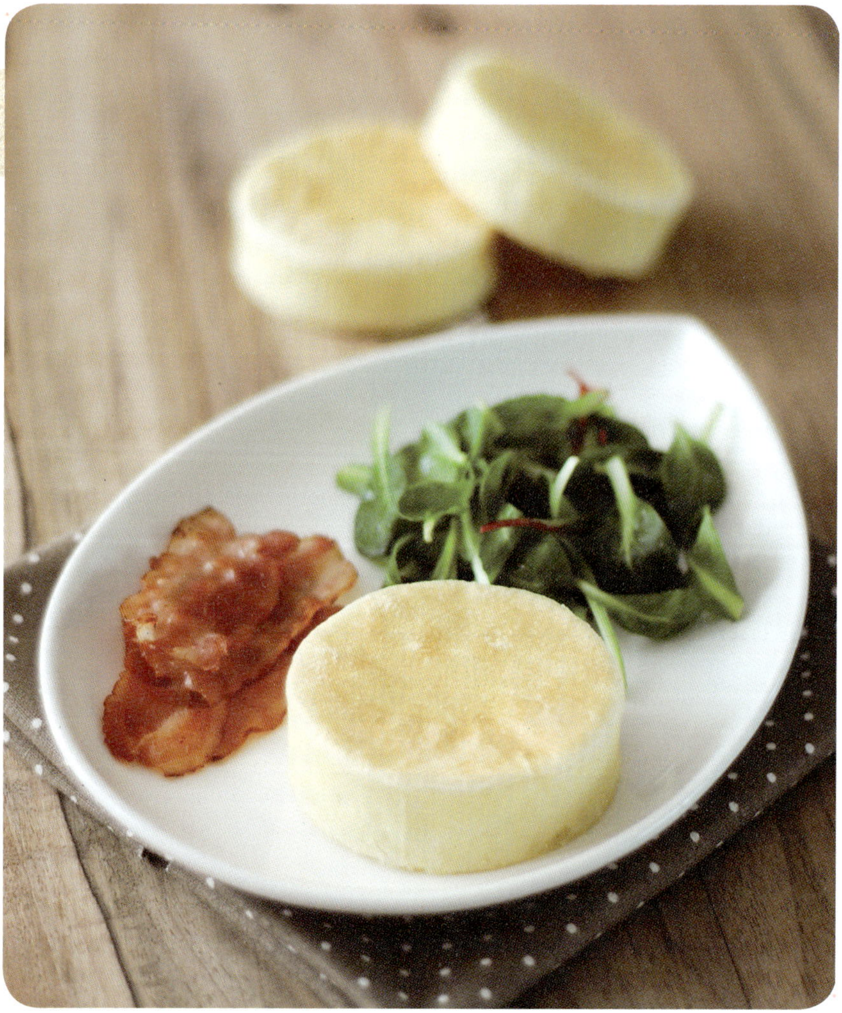

재 료

강력분 200g
설탕 6g
소금 4g
인스턴트이스트 4g
우유 60g
물 80g
올리브유 10g
콘밀(덧가루용)

틀 코팅용
버터 · 콘밀 적당량씩

Recipe

1 제빵기에 미지근하게 데운 우유와 물을 넣고 올리브유, 설탕, 소금, 강력분을 넣어요.

2 이스트는 물에 닿지 않게 밀가루 위에 올려 반죽하세요.

3 제빵기에서 1차 발효까지 끝내고

4 반죽이 손에 붙지 않게 콘밀을 덧가루로 뿌려가며 40g씩 나누세요.

5 반죽을 둥글리고 반죽 표면에 콘밀을 듬뿍 묻혀요.

6 틀 안쪽에 버터를 바르고 콘밀을 묻힌 다음 반죽을 담아요. 중간 발효는 생략하고 비닐을 덮어 2차 발효를 시켜요.

7 반죽이 틀의 80~90% 정도까지 부풀면 다른 팬을 반죽 위에 올리고

8 180~185℃로 예열한 오븐에서 15분 정도 구우세요.

054

매력적인 블랙 올리브의 향

올리브 포카치아

포카치아는 올리브를 넣은 반죽에 소금, 허브 등을 넣어 굽는 이탈리아 빵이에요.
반죽은 치아바타와 비슷하지만 올리브, 토마토 등의
다양한 토핑을 넣어 즐길 수 있는 매력 만점의 빵이랍니다.
저는 향이 좋은 블랙 올리브를 올려 구워봤어요.

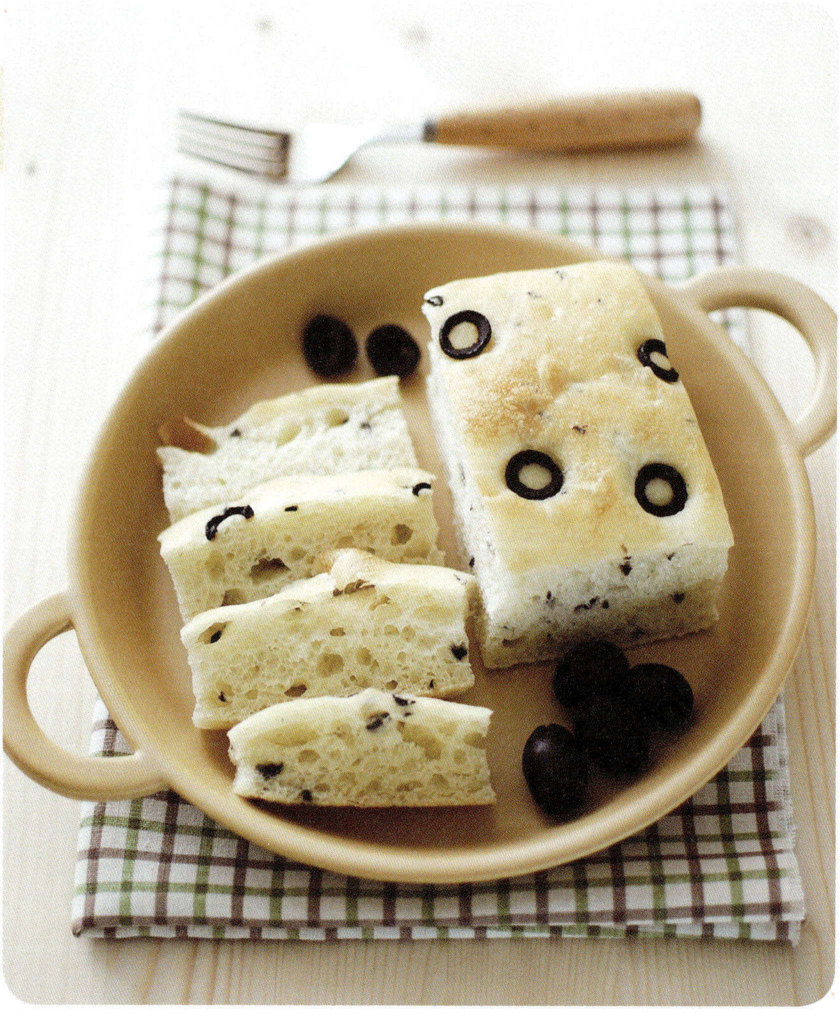

34×25cm
사각틀 1개 분량

종반죽
강력분 150g
물 120g
인스턴트이스트 1g

본반죽
강력분 250g
소금 8g
인스턴트이스트 1g
물 160g
올리브유 30g
블랙 올리브 40g

토핑
블랙 올리브 · 올리브유
적당량씩

Recipe

1 종반죽 재료를 볼에 넣어 거품기로 밀가루가 보이지 않을 정도로 가볍게 섞고

2 비닐을 덮어 12~15시간 동안 실온에서 발효시켜요.

3 볼에 2의 발효된 종반죽을 넣고 본반죽 재료인 물, 올리브유, 소금, 강력분, 이스트를 모두 넣어

4 일반 빵보다 짧게 6~8분 정도 반죽하고

5 다진 올리브를 넣어 1~2분간 더 반죽해요.

6 반죽을 한 덩어리로 뭉쳐 비닐을 덮고

7 1시간 30분에서 2시간 동안 1차 발효를 시켜요.

8 작업대에 덧밀가루를 뿌리고 반죽을 살살 쏟아 붓고 표면을 정리해요.

9 팬에 반죽을 놓고 올리브유를 충분히 바른 다음

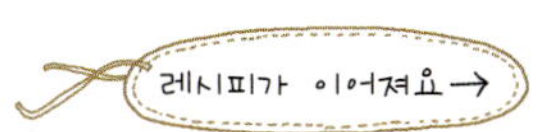

레시피가 이어져요 →

10 블랙 올리브를 잘라 올리고 손가락으로 올리브를 꾹 눌러요.

11 반죽이 붙지 않게 플라스틱 용기를 덮어 60~90분 동안 2차 발효를 시키고

12 반죽이 꺼지지 않게 올리브유를 살살 발라 195~200℃로 예열한 오븐에서 18~20분간 구우세요.

칼 로 리 가 낮 고 소 화 도 잘 되 는

플레인 베이글

달걀, 우유, 버터가 들어가지 않은 베이글은 지방 함량이 적어 칼로리가 낮고
소화가 잘되는 건강빵이에요. 반죽을 오븐에서 굽는 일반 빵과 달리
끓는 물에 한 번 데쳐 겉을 익혀서 굽는 것이 특징이에요.
맛이 담백해서 크림치즈나 햄, 샐러드 등과도 잘 어울린답니다.

재 료

강력분 300g
설탕 5g
소금 5g
인스턴트이스트 3g
물 185g

데침용
물 2ℓ
소다 5g

내복곰의 친절한 팁
제빵기는 1차 발효가 끝나면 가스
빼기에 들어가요. 반죽이 얼마나
부풀었는지 확인하고 싶으면 발효
가 끝나기 직전에 제빵기 전원을
끄세요.

Recipe

1 제빵기에 미지근하게 데
운 물, 설탕, 소금, 강력
분을 넣고 이스트는 밀가루
위에 올려요.

2 제빵기의 사용설명서에
따라 반죽하고

3 1차 발효까지 끝내세요.

4 반죽을 약 90g씩 6등분
으로 나눠 둥글리고 비
닐을 덮어 10~15분간 중간
발효를 시켜요.

5 반죽이 바닥에 붙지 않
게 덧밀가루를 조금씩
뿌려가며 밀대로 길게 밀고

6 돌돌 말아 이음매를 꼬
집듯이 붙여 막대 모양
으로 만들어요.

7 반죽을 양손으로 굴려가
며 약 25cm 길이로 늘
여요.

8 도넛 모양이 되게 반죽
을 동그랗게 구부리고
반죽의 한쪽 끝을 벌려서

9 반대쪽 끝을 끼워 넣듯
붙여 링 모양으로 만들
어요.

10 반죽을 종이포일 위에 놓고 비닐을 덮어 30~40분간 2차 발효를 시켜요.

11 끓는 물에 소다를 넣고 반죽을 앞뒤로 각각 30초 정도 데쳐서

12 재빨리 팬에 놓고 195~200℃로 예열한 오븐에서 15~18분간 구우세요.

베이글에 발라 먹어요~

베이글
스프레드

호두 시나몬 스프레드

재 료 크림치즈 80g, 꿀 15g, 다진 호두 20g, 계핏가루 약간

실온에 둔 크림치즈를 부드럽게 풀고 꿀, 다진 호두,
계핏가루를 넣어 섞어요.

차이브 스프레드

재 료 크림치즈 80g, 차이브 약간

서양 부추인 차이브를 크림치즈에 섞으면
샌드위치용으로도 좋은 크림치즈 스프레드 완성!

크랜베리 스프레드

재 료 크림치즈 80g, 크랜베리 20g, 메이플시럽 10g

크림치즈에 크랜베리를 다져 넣고 메이플시럽이나
꿀을 섞어요.

블루베리 스프레드

재 료 크림치즈 80g, 블루베리잼 20~30g

크림치즈에 블루베리잼을 섞어 만들어요.
블루베리를 함께 넣으면 더 맛있어요.

056

자연의 맛을 느껴봐
바나나 발효종 피칸빵

바나나 발효종 피칸빵은 바나나로 발효종을 만들어 반죽에 넣고
피칸과 마른 과일을 넣어 만든 빵이에요.
과일 발효종은 유지나 설탕, 우유 등이 많이 들어가는 빵을 만들 때 사용하는 것보다
빵을 만들기 위한 기본적인 재료만 넣는 담백한 빵을 만들 때 사용하는 것이 좋아요.

재 료

발효액

바나나 50g
물 100g
설탕 1g

발효종

바나나 발효액 100g
강력분 130g
호밀가루 20g
인스턴트이스트 1g

본반죽

발효종 250g
강력분 300g
소금 8g
인스턴트이스트 1g
물 180g
오렌지필 30g
크랜베리 30g
피칸 50g

Recipe

1 뜨거운 물로 열탕 소독한 병에 바나나, 물, 설탕을 넣고 뚜껑을 덮어 2~3일 정도 숙성시켜 바나나 발효액을 만드세요.

2 바나나를 체에 걸러 발효액만 사용해요.

3 볼에 발효종 재료인 강력분과 호밀가루를 담고 이스트를 넣어 골고루 섞고 2의 발효액을 부어 주걱으로 대강 섞어요.

4 재료가 골고루 섞이게 손으로 1~2분 정도 가볍게 반죽해요.

5 반죽을 뭉쳐 볼에 담아 비닐을 덮고

6 실온에서 18시간 정도 발효시켜 발효종을 완성해요.

7 볼에 본반죽 재료인 강력분, 소금, 이스트, 물과 6의 발효종을 모두 담고

8 반죽기나 제빵기를 이용해 8~10분 정도 다른 빵보다 조금 짧게 반죽해요.

9 오븐에 살짝 구운 피칸과 오렌지필, 크랜베리는 반죽이 끝나기 1~2분 전쯤 넣으세요.

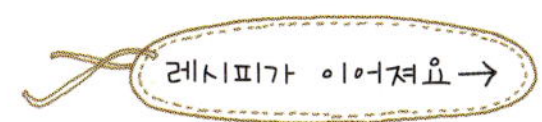

10 반죽을 볼이나 플라스틱 용기에 담고 비닐이나 뚜껑을 덮어

11 처음 부피의 3배 정도로 부풀 때까지 실온에서 3시간 정도 발효시켜요.

12 반죽을 3등분으로 나누어 둥글리고 비닐을 덮어 20~30분간 중간 발효를 시켜요.

13 반죽이 붙지 않게 덧밀가루를 뿌려가며 손바닥으로 반죽을 납작하게 누르고

14 돌돌 말아 이음매를 꼬집듯이 붙여요.

15 이음매가 바닥으로 가도록 팬에 놓고 표면에 밀가루를 뿌리고 비닐을 덮어 60~90분 정도 2차 발효를 시켜요.

16 200~210℃로 예열한 오븐에 팬을 넣고 스프레이로 오븐 안에 물을 재빨리 뿌려 스팀을 주고 20~25분간 구우세요.

057

자연 효모로 발효시킨

건포도 발효종 캄파뉴

자연 효모를 뜻하는 르방(Levain)을 이용한 천연발효빵은 이스트 대신
과일이나 곡물 등에서 얻은 천연 효모를 발효시켜 만들어요.
여러 과일이나 곡물에서 얻은 발효액 중에 특히 건포도 발효종은
발효력과 안전성이 높아 많이 사용되고 있답니다.

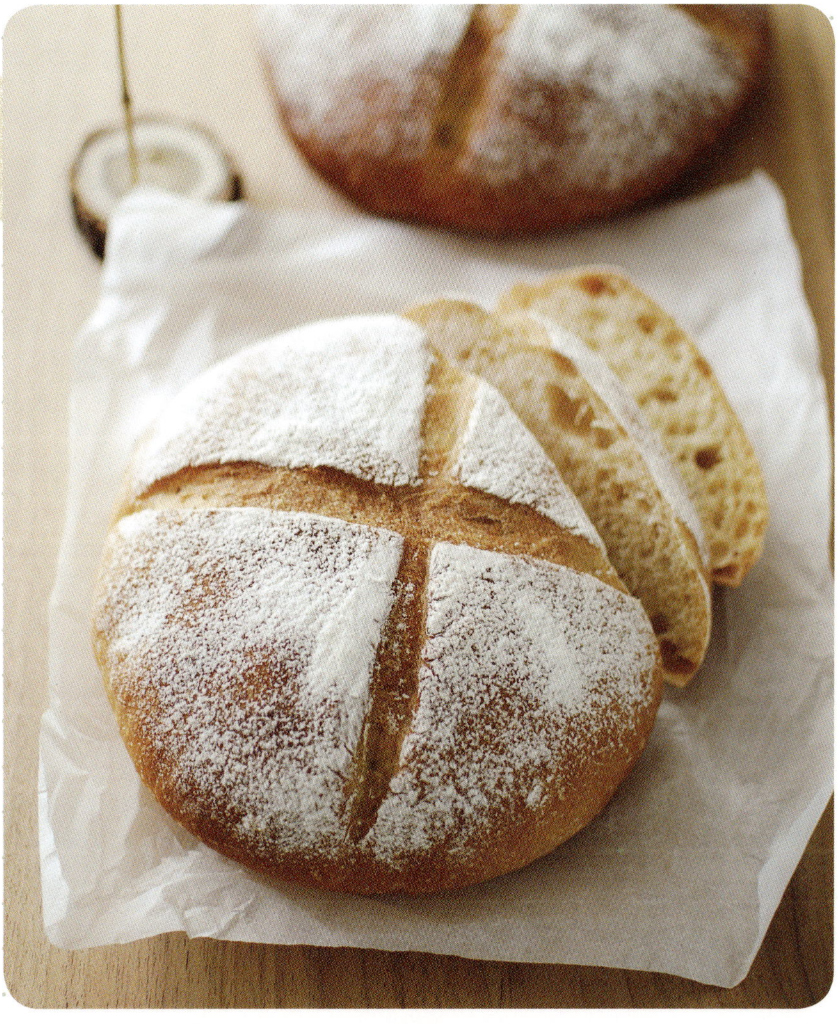

재 료

발효액
건포도 50g
물 100g
설탕 1g

발효종
건포도 발효액 70g
강력분 90g
호밀가루 10g

본반죽
발효종 170g
강력분 230g
소금 6g
몰트 1g
물 130g

Recipe

1 뜨거운 물에 열탕 소독한 병에 건포도와 물, 설탕을 넣고 뚜껑을 덮어 4~5일 정도 숙성시켜 건포도 발효액을 만드세요.

2 건포도는 체에 걸러 발효액만 사용해요.

3 볼에 발효종 재료인 강력분과 호밀가루를 담고 2의 발효액을 부어 주걱으로 대강 섞은 다음

4 재료가 골고루 섞이게 손으로 1~2분 정도 가볍게 반죽해요.

5 반죽을 뭉쳐 볼에 담아 비닐을 덮고

6 실온에서 18시간 정도 발효시켜 발효종을 완성해요.

7 볼에 본반죽 재료인 강력분, 소금, 몰트, 물, 6의 발효종을 모두 담고

8 반죽기를 이용해서 8~10분 정도 다른 빵보다 조금 짧게 반죽해요.

9 반죽을 볼이나 플라스틱 통에 담고 비닐이나 뚜껑을 덮어

10 처음 부피의 3배 정도로 부풀 때까지 실온에서 3시간 정도 발효시켜요.

11 반죽을 2등분으로 나누고 양손으로 반죽을 감싸며 둥글리고

12 공 모양으로 만들어 팬에 놓고 비닐이나 뚜껑을 덮어 2시간 정도 2차 발효를 시켜요.

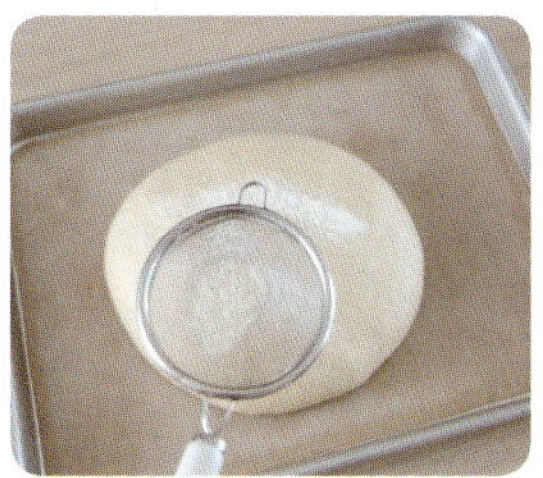

13 체를 이용해서 반죽 표면에 밀가루를 충분히 뿌리고

14 반죽 가운데에 열십자로 칼집을 넣어요.

15 200~210℃로 예열한 오븐에 팬을 넣고 스프레이로 오븐 안에 물을 재빨리 뿌려 스팀을 주고 25~30분간 구우세요.

Plus Recipe
건포도 발효종 캄파뉴로 만든
양배추 햄
샌드위치

천연 발효빵은 담백하고 수수한 맛에 그냥 먹어도 매력적이지만
아이들에게는 심심하게 느껴질 수도 있어요. 아이들에게는 캄파뉴에 다양한 재료를 넣어
샌드위치를 만들어주면 어떨까요.
양배추를 볶고 햄 등을 올려 간단하게 만들어보세요.

재 료

캄파뉴 6장
양배추 1/4개
슬라이스 햄 9장
게맛살 · 다진 피클 ·
소금 · 후춧가루 약간씩
올리브유 적당량

Recipe

1 불에 달군 팬에 올리브유를 두르고 양배추를 채 썰어 볶은 다음 소금과 후춧가루로 간해요.

2 빵에 다진 피클을 바르고

3 양배추볶음을 올려요.

4 게맛살을 찢어서 얹고

5 슬라이스 햄을 올려서

6 샌드위치를 만들어요.

르 방 으 로   만 드 는   건 강 빵

하드롤

발효종을 만들지 않고 발효액을 바로 반죽에 섞어 빵을 구우면
발효력이 약해지기 때문에 소량의 이스트를 넣어야 해요.
천연반효빵처럼 발효 시간이 길어지는 빵은 반죽을
일반빵보다 짧게 끝내는 것이 좋아요.

천연 발효 빵

재 료

강력분 200g
소금 4g
인스턴트이스트 1g
건포도 발효액 45g
물 80g

Recipe

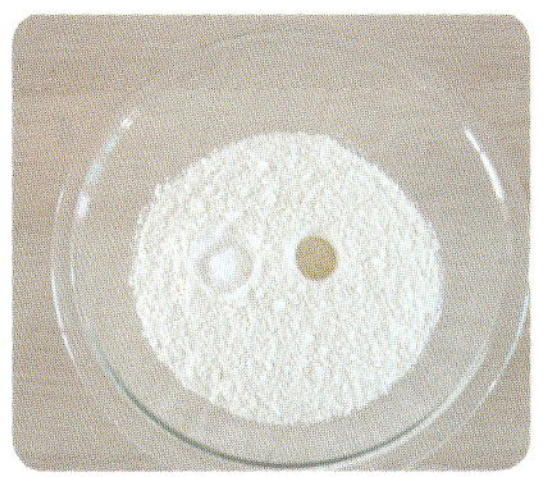

1 강력분 위에 소금, 이스트를 서로 닿지 않게 넣어 골고루 섞으세요.

2 실온 상태의 물과 건포도 발효액을 넣고

3 주걱으로 대강 섞으세요.

4 손으로 반죽 표면이 매끈해지게 약 10분간 반죽하세요.

5 반죽을 한 덩어리로 뭉쳐 비닐을 덮고 실온에서 1차 발효를 시켜요.

6 처음 부피의 2.5~3배로 부풀 때까지 약 3시간 정도 발효시켜요.

7 반죽을 5등분으로 나누어 둥글려서 공 모양으로 만들고

8 중간 발효를 생략하고 바로 팬에 놓고 비닐을 덮어 60~90분간 2차 발효를 시켜요.

9 반죽에 덧밀가루를 뿌리고 보기 좋게 칼집을 내세요. 190~200℃로 예열한 오븐에 팬을 넣고 스프레이로 오븐 안에 물을 재빨리 뿌려 스팀을 주고 약 15~18분간 구워요.

059

맛도 좋고 색도 예쁘고!

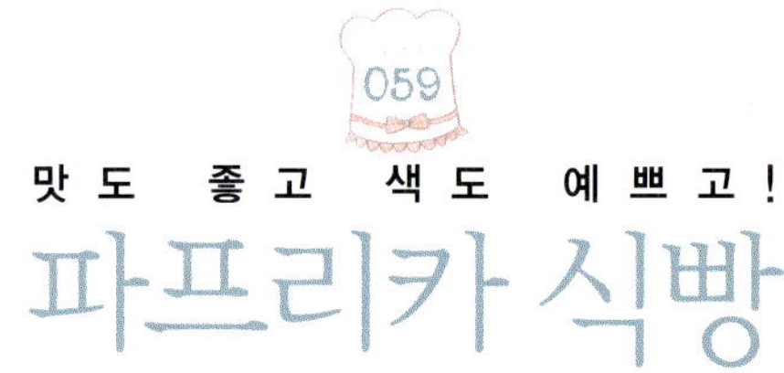

파프리카 식빵

파프리카를 넣어 맛도 좋고, 색도 예쁜 파프리카 식빵.
주름 모양 식빵틀이나 원통 모양 식빵틀에 구워 두툼하게 자르면
샌드위치나 햄버거를 만들기에도 좋아요. 쇠고기 패티를 구워 야채와 함께 끼워 넣으면
햄버거가 되고 달걀프라이와 베이컨을 넣으면 잉글리시 머핀처럼 즐길 수 있답니다.

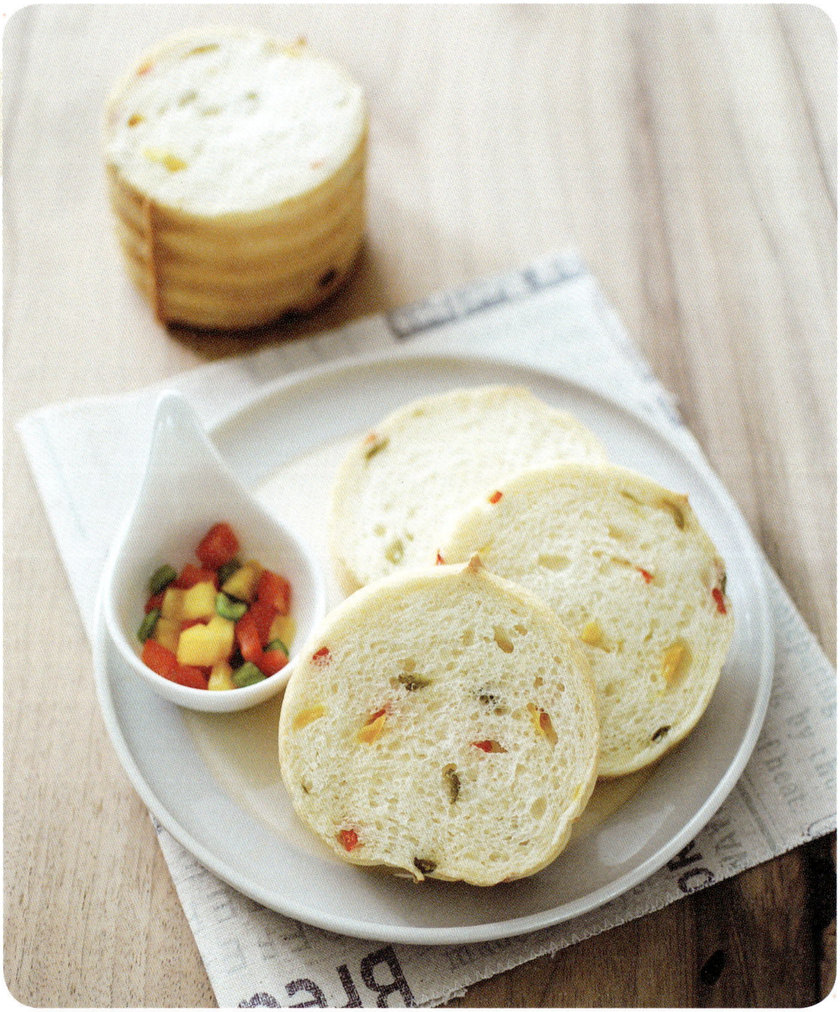

재료

강력분 300g

설탕 20g

소금 5g

인스턴트이스트 6g

우유 100g

물 90~100g

버터 20g

파프리카 150g

Recipe

1 적당한 크기로 자른 파프리카를 160~170℃의 오븐에서 10분 정도 구워 수분을 날려요.

2 제빵기에 미지근하게 데운 우유, 물, 설탕, 소금, 강력분, 버터, 이스트를 넣어 반죽하고, 반죽이 끝나기 1~2분 전에 1의 파프리카를 넣어요.

3 제빵기에서 1차 발효까지 끝내세요.

4 덧밀가루를 조금씩 뿌려가며 반죽을 둥글리고 비닐을 덮어 10~15분간 2차 발효를 시켜요.

5 반죽을 밀대로 타원형이 되도록 밀어서

6 끝을 돌돌 말아 꼬집듯 붙여요.

7 주름식빵틀에 반죽을 담고 비닐을 덮어

8 틀의 80% 정도로 부풀 때까지 2차 발효를 시켜요.

9 뚜껑을 덮어 180℃로 예열한 오븐에서 25~30분간 구우세요.

가 족 을 위 한 건 강 빵

단호박 검은깨 식빵

식빵은 간식보다는 주식으로 즐기는 빵이라 재료에 더욱 신경을 쓰게 돼요.
건강에 좋은 단호박이나 검은깨, 참깨, 곡물 등을 넣어 가족을 위한
건강빵으로 만들어보세요. 단호박은 껍질을 벗겨 푹 쪄서 넣어도 좋지만
간편하게 가루를 사용해도 좋답니다.

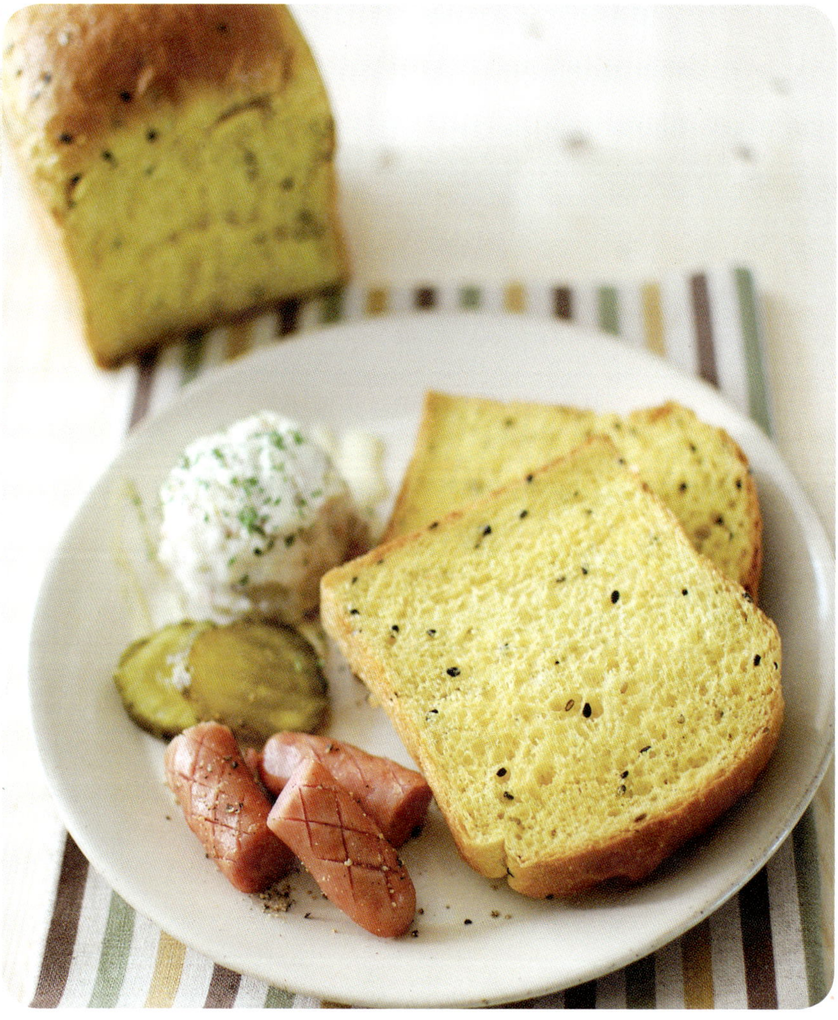

재료

강력분 260g
단호박가루 40g
설탕 20g
소금 5g
인스턴트이스트 6g
우유 100g
물 100g
버터 20g
검은깨 10g

Recipe

1 제빵기에 미지근하게 데운 우유, 물, 설탕, 소금, 강력분, 단호박가루, 버터, 이스트를 순서대로 넣어 반죽해요.

2 검은깨는 반죽이 끝나기 1~2분 전에 넣고

3 1차 발효까지 끝내세요.

4 반죽을 3등분으로 나눠 둥글리고 비닐을 덮어 10~15분간 중간 발효를 시켜요.

5 반죽을 밀대로 길게 밀고

6 반죽의 양쪽 끝을 접어 반죽을 포개서

7 끝을 돌돌 말아 올려

8 꼬집듯 붙여 원통 모양으로 만들어요.

9 반죽의 이음매가 바닥으로 가도록 식빵틀에 놓고 손등으로 반죽을 살짝 눌러요.

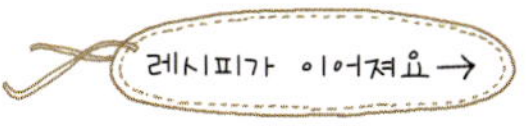

10 비닐을 덮어 2차 발효를 시켜요.

11 반죽이 식빵틀보다 1~1.5cm 높게 부풀면

12 180℃로 예열한 오븐에서 25~30분간 구우세요.

재 료 는 내 맘 대 로 선 택 해 요

새우 칼조네

베이커리에서 운영하는 카페에 가보면 빵이라기보다 요리에 가까운 메뉴들도 많아요.
칼조네도 그중 하나이죠. 칼조네는 커다란 만두 모양의 이탈리아 음식으로 밀가루 반죽에 고기나 채소,
치즈를 넣어 오븐에 구워 만들어요. 저는 고기 대신 새우와 채소, 치즈를 넣은
새우 칼조네로 완성했어요. 닭고기나 다른 해산물을 이용해 속을 채워도 좋아요.

재 료

강력분 150g
박력분 50g
설탕 4g
소금 4g
인스턴트이스트 4g
물 110~120g
올리브유 10g

속 재료

새우 200g
피망 1/2개
파프리카 1개
양파 1/2개
새송이버섯 1개
마늘 5~6쪽
모차렐라 치즈 70g
올리브유 적당량

양념

토마토 페이스트 2큰술
케첩 1큰술
소금 · 후춧가루 · 바질가루 ·
파슬리가루 · 레드페퍼(굵게
빻은 고춧가루) 약간씩

반죽 접착용

달걀노른자 약간

Recipe

1 밀가루 위에 설탕, 소금, 이스트를 서로 닿지 않게 넣고 골고루 섞은 다음

2 미지근하게 데운 물과 올리브유를 넣어 주걱으로 대강 섞어요.

3 손으로 반죽 표면이 매끈해지게 약 10분간 반죽해요.

4 반죽을 한 덩어리로 뭉쳐 비닐을 덮고 따뜻한 곳에서 1차 발효를 시켜요.

5 처음 부피의 2.5~3배로 부풀 때까지 50~60분간 두세요.

6 발효가 되는 동안 속 재료를 만들어요. 채소, 버섯, 마늘은 적당한 크기로 자르고 새우는 손질해서 물기를 제거해요.

7 불에 달군 팬에 올리브유를 두르고 마늘을 볶다가 채소, 버섯, 새우를 넣어 잠시 볶아요.

8 토마토 페이스트, 케첩, 바질가루, 파슬리가루, 레드페퍼를 넣고 소금과 후춧가루로 간을 맞추세요.

9 반죽을 50g씩 나눠서 둥글리고 비닐을 덮어 10~15분간 중간 발효를 시켜요.

10 덧밀가루를 뿌려가며 반죽을 타원형이 되게 밀대로 얇게 민 다음, 속 재료를 놓고 모차렐라 치즈를 올려요. 반죽이 잘 붙게 테두리에 달걀노른자를 바르세요.

11 반죽을 반으로 접고 끝부분을 손으로 잘 아물려요

12 190~200℃로 예열한 오븐에서 12~15분간 구우세요.

062

갈릭 치즈난

난(Naan)은 이스트를 넣은 밀가루 반죽을 화덕에 구운 담백하고 쫄깃한 인도 전통빵이에요.
카레나 수프에 찍어 먹기도 하고, 다양한 재료를 올려 토르티아처럼 즐기기도 한답니다.
플레인으로 즐겨도 맛있지만 파르메산 치즈가루와 갈릭 파우더를 뿌려 먹으면
독특한 향과 고소한 맛이 두 배랍니다.

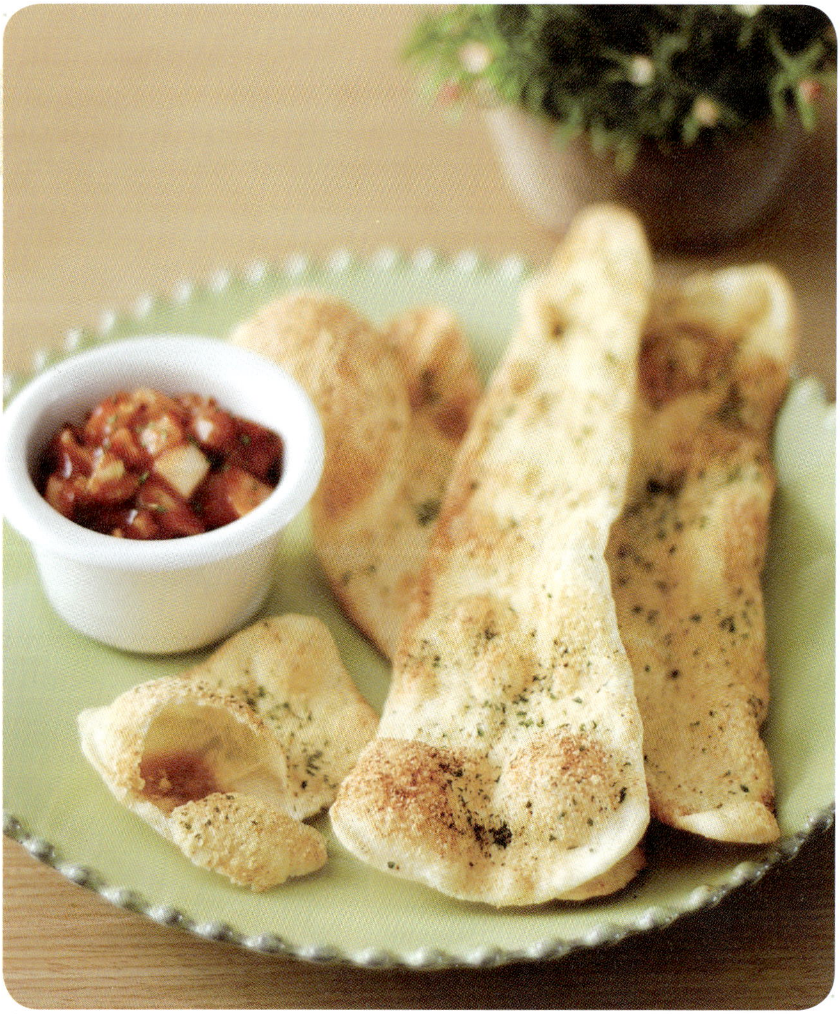

조
리
빵

재 료

강력분 100g
박력분 50g
설탕 3g
소금 3g
인스턴트이스트 3g
물 80~90g

토핑

올리브유 30g
마늘가루(갈릭 파우더) · 파르
메산 치즈 적당량씩
바질 · 파슬리가루 약간씩

Recipe

1 제빵기에 물, 설탕, 소금, 강력분, 박력분, 이스트를 순서대로 넣고 반죽과 1차 발효까지 끝내요.

2 반죽을 약 30g씩 나눠서 표면이 매끄럽도록 둥글리고 비닐을 덮어 10~15분간 중간 발효를 시켜요.

3 반죽을 밀대로 길게 밀어서

4 길쭉한 삼각형이 되게 반죽을 최대한 얇게 밀어요.

5 반죽을 팬에 놓고 표면에 올리브유를 바르고

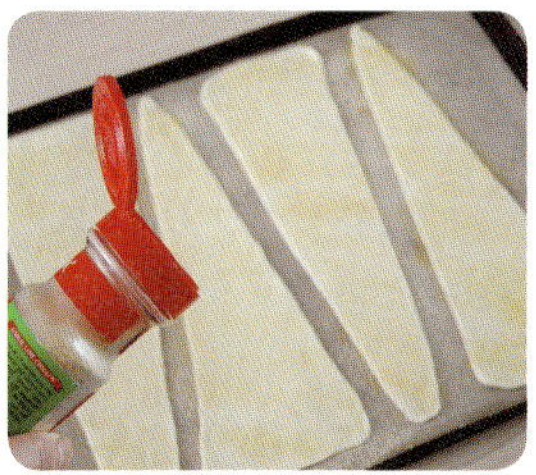

6 마늘가루(갈릭 파우더)를 솔솔 뿌리고

7 파르메산 치즈를 적당량 뿌려요.

8 바질, 파슬리가루를 뿌려 마무리하고

9 200~210℃로 예열한 오븐에서 6~7분간 구우세요.

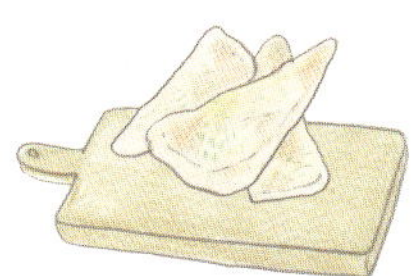

버 섯 과 들 깨 의 영 양 이 듬 뿍 ~

버섯빵

들깻가루를 넣은 고소하고 담백한 도우에 버섯볶음과 베이컨을 토핑으로 올려 구운 빵이에요.
영양이 가득한 빵이라 아이들 간식이나 가족들의 간단한 식사로도 좋답니다.
어떤 때는 이게 빵인가, 요리인가 헷갈리기도 한답니다.

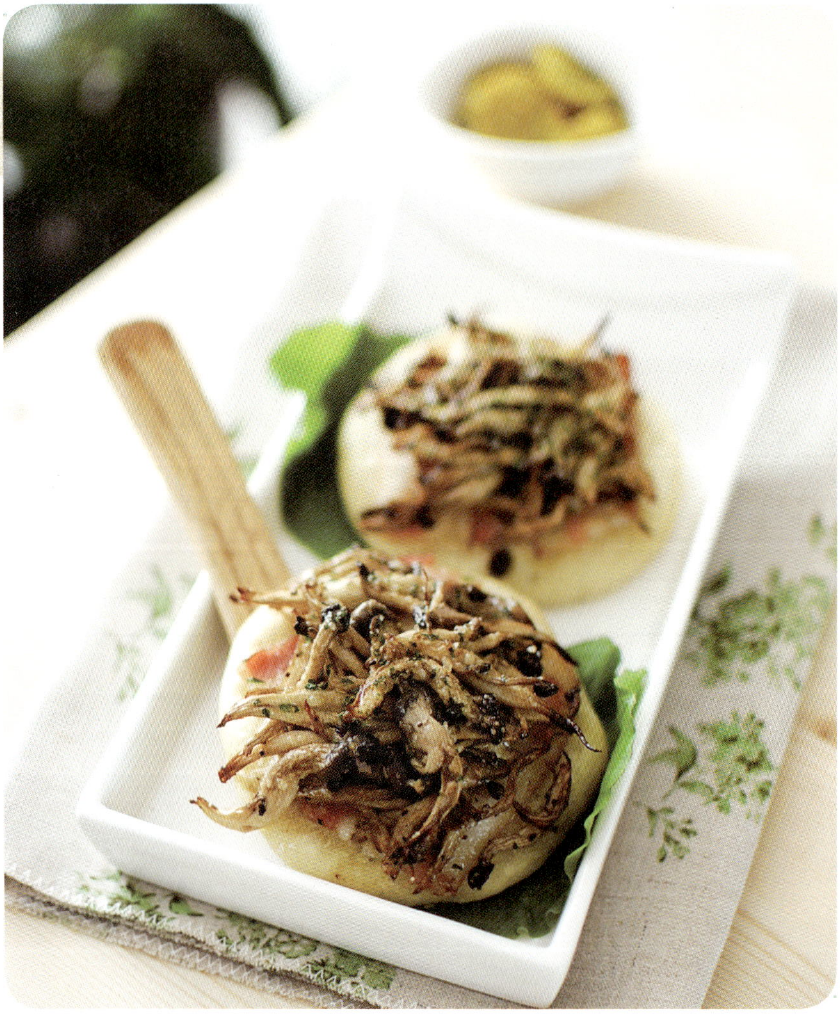

재료

강력분 200g
소금 3g
인스턴트이스트 4g
물 130g
올리브유 15g
들깻가루 10g

토핑

베이컨 8장
파르메산 치즈 · 파슬리가루
약간씩

버섯볶음

만가닥버섯 500g
발사믹 식초 1큰술
다진 마늘 1큰술
소금 · 후춧가루 약간씩
올리브유 적당량

Recipe

1 버섯은 손으로 잘게 찢고 베이컨은 길게 자르세요.

2 달군 팬에 올리브유를 두르고 다진 마늘, 버섯을 넣어 볶다가 발사믹 식초를 넣고 소금과 후춧가루로 간을 맞춰요.

3 제빵기에 미지근하게 데운 물, 올리브유, 소금, 강력분, 들깻가루, 이스트를 순서대로 넣고 반죽해요.

4 제빵기의 사용설명서에 따라 1차 발효까지 끝내고

5 반죽을 30g씩 나눠서 둥글리고 비닐을 덮어 10~15분간 중간 발효를 시켜요.

6 반죽을 밀대나 손바닥을 이용해 납작한 원형으로 만들어서

7 팬에 담고 비닐을 덮어 30~40분간 2차 발효를 시켜요.

8 발효된 반죽을 손가락으로 군데군데 누른 다음 베이컨을 올리고

9 2의 볶은 버섯을 얹어요. 파르메산 치즈와 파슬리가루를 뿌리고 180℃로 예열한 오븐에서 12~15분간 구우세요.

신 선 한 올 리 브 가 통 째 로 ~

올리브 브레드

올리브 브레드 좋아하는 분들 손들어보세요. 내뱃곰도 두 손 번쩍 들었어요.
여자들이 좋아하는 올리브! 신선한 올리브를 통째 넣어 만든 올리브 브레드는
한번 맛보면 그 맛을 잊을 수 없는 중독성 강한 빵이랍니다.
그린 올리브의 시큼하고 짠맛이 싫다면 블랙 올리브를 넣어도 좋아요.

조
리
빵

재 료

강력분 200g
소금 4g
인스턴트이스트 3g
물 125g
올리브유 10g
올리브 52~64개

마무리

올리브유 20g

내복곰의 친절한 팁

병이나 통조림에 담긴 올리브는
씨를 제거한 제품인지 확인하고
구입하세요. 씨가 있는 제품이라
면 씨를 모두 제거한 다음 사용
하세요.

Recipe

1. 씨가 없는 올리브를 준비해요.

2. 제빵기에 미지근하게 데운 물, 올리브유, 소금, 강력분, 이스트를 순서대로 넣어 반죽하고

3. 제빵기에서 1차 발효까지 끝내세요.

4. 반죽을 20g~25g씩 나눠서 둥글리고 비닐을 덮어 10~15분간 중간 발효를 시켜요.

5. 반죽이 바닥에 붙지 않게 덧밀가루를 조금씩 뿌려가며 밀대로 길게 밀고,

6. 반죽 위에 올리브를 올리고,

7. 이음매를 꼬집듯이 붙이세요.

8. 반죽을 살짝 구부려 팬에 놓고 비닐을 덮어 약 40분간 2차 발효를 시켜요.

9. 올리브유를 바르고 195~200℃로 예열한 오븐에서 15~18분간 구우세요.

달콤하면서도 매운맛이 매력적인

스위트 칠리 브레드

달콤하고 매운맛이 나는 스위트 칠리소스는 월남쌈,
스프링롤 등 다양한 요리에 잘 어울리는 소스예요. 토마토, 브로콜리, 새우를 토핑으로
올린 빵 위에 스위트 칠리소스를 뿌려 구우면 일품요리에 준하는 빵이 되죠.
스위트 칠리소스는 대형마트에서 쉽게 구입할 수 있답니다.

조리빵

재 료

(9개 분량)

강력분 200g
설탕 4g
소금 3g
인스턴트이스트 4g
물 130g
올리브유 20g

토핑

새우 27개
방울토마토 9개
브로콜리 1/2송이
스위트 칠리소스 적당량

1 제빵기에 미지근하게 데운 물, 올리브유, 설탕, 소금, 강력분, 이스트를 순서대로 넣어 반죽하고 1차 발효까지 끝내세요.

2 반죽을 약 40g씩 나눠서 둥글리고 비닐을 덮어 10~15분간 중간 발효를 시켜요.

3 반죽을 밀대로 길게 밀고

4 돌돌 말아서 이음매를 꼬집듯이 붙여 막대 모양으로 만들어요.

5 반죽을 팬에 놓고 손바닥으로 윗면을 살짝 누르고 비닐을 덮어 30~40분간 2차 발효를 시켜요.

6 2차 발효를 시키는 동안 토핑을 준비해요. 새우와 브로콜리는 살짝 데치고 방울토마토는 반으로 잘라요.

7 2차 발효된 반죽의 가운데를 손가락으로 눌러서 홈을 만들고

8 새우, 브로콜리, 방울토마토를 올리고 살짝 눌러요.

9 스위트 칠리소스를 뿌리고 180℃로 예열한 오븐에서 10~12분간 구우세요.

066

술 안 주 로   참   좋 아

치즈 스틱

치즈 스틱을 오븐에 구우면 치즈가 자연스럽게 녹아내려요.
치즈는 기호에 따라 종류를 달리해서 토핑해도 맛있어요.
짭쪼름한 치즈와 바삭한 빵이 조화를 이루는 치즈 스틱을
와인이나 맥주 안주로 추천합니다!

조
리
빵

재 료

강력분 100g
박력분 20g
설탕 4g
소금 2g
인스턴트이스트 2g
물 70g
올리브유 10g

토핑

체다 치즈 100g

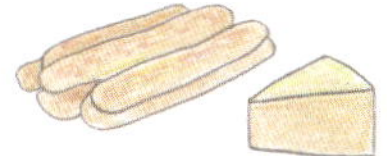

R e c i p e

1 밀가루 위에 설탕, 소금, 이스트를 서로 닿지 않게 넣고 골고루 섞어요.

2 미지근하게 데운 물과 올리브유를 넣어 주걱으로 대강 섞고

3 손으로 반죽 표면이 매끈해지게 약 10분간 반죽해요.

4 반죽을 한 덩어리로 뭉쳐 비닐을 덮고 처음 부피의 2~2.5배로 부풀 때까지 30~40분간 1차 발효를 시켜요.

5 반죽을 약 15g씩 나눠서 둥글리고 비닐을 덮어 10~15분간 중간 발효를 시켜요.

6 반죽을 손바닥으로 굴려가며 약 15cm 길이로 길게 늘여요.

7 체다 치즈를 다져서

8 반죽에 물을 살짝 바르고 다진 치즈 위에 놓고 굴려서 표면에 치즈를 듬뿍 묻혀요.

9 반죽을 팬에 놓고 비닐을 덮어 10~15분간 2차 발효를 시키고 200~210℃로 예열한 오븐에서 치즈가 타지 않게 10~12분간 구우세요.

067

고소한 크림 맛으로 먹는

까르보나라 피자

까르보나라 피자는 까르보나라 파스타의 크림을 도우 위에 소스로 바르고 치즈와 토핑을 올려 구운 색다른 피자예요. 토마토소스에 질렸다면 고소한 크림이 어우러진 새로운 피자에 도전해보세요.

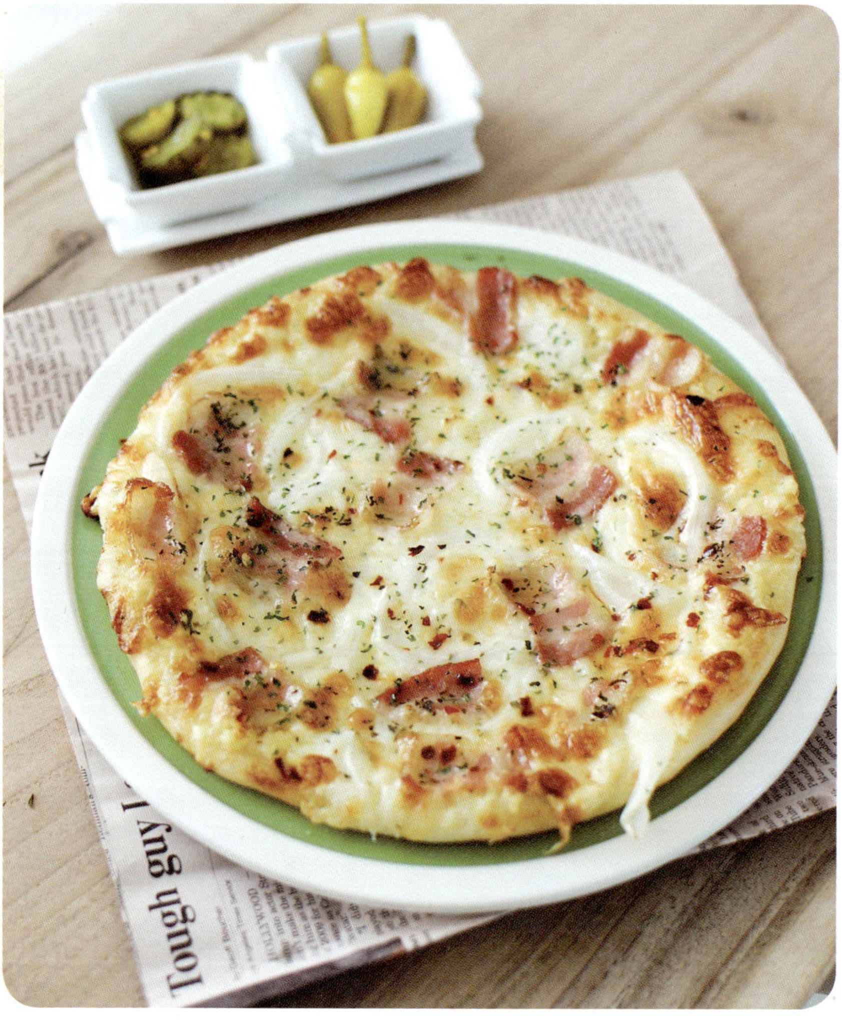

재 료

중력분 120g
소금 2g
인스턴트이스트 2g
물 72g
올리브유 12g

토핑

양파 1/2개
베이컨 3장
모차렐라 치즈 150g
파슬리가루 · 레드페퍼(굵게
빻은 고춧가루) 약간씩

까르보나라 소스

다진 마늘 1큰술
다진 양파 1큰술
달걀노른자 1개
생크림 100g
올리브유 적당량
소금 · 후춧가루 약간씩

Recipe

1 팬에 올리브유를 두르고 다진 마늘, 다진 양파를 넣어 볶아요.

2 생크림을 넣고 저으며 끓이다가

3 생크림이 끓어오르면 불에서 내리고 달걀노른자를 넣어 재빨리 섞고

4 소금과 후춧가루로 간을 맞춰요.

5 양파는 채 썰고 베이컨은 적당히 잘라 토핑으로 준비해요.

6 제빵기에 미지근하게 데운 물, 올리브유, 소금, 중력분, 이스트를 넣고

7 제빵기의 사용설명서에 따라 반죽하고

8 1차 발효까지 끝내세요.

9 반죽을 둥글리고 비닐을 덮어 10~15분간 중간 발효를 시켜요.

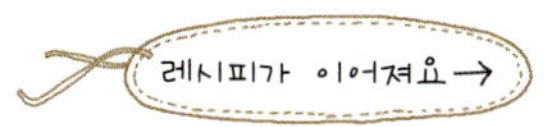

10 반죽이 바닥에 붙지 않게 덧밀가루를 뿌려가며 밀대로 동그랗고 얇게 밀어요.

11 스크린 망이나 피자팬 위에 반죽을 올리고

12 4의 까르보나라 소스를 골고루 펴 바르고

13 모차렐라 치즈를 뿌려요.

14 양파와 베이컨을 토핑으로 올리고 파슬리가루와 레드페퍼를 뿌려 200~210℃로 예열한 오븐에서 15분간 구우세요.

담백함이 매력적이야!
마르게리타 피자

마르게리타 여왕의 이름이 붙은 마르게리타 피자! 여왕님이 좋아할 만큼 맛있다는 걸까요.
토마토, 모차렐라 치즈, 바질을 토핑으로 구운 기본적인 피자로 담백한 맛이 특징이에요.
반죽은 손으로 하고 도우는 얇게 밀어 장작 화덕에 굽는 것이
마르게리타 피자를 만드는 전통적인 방법이랍니다.

재 료

강력분 130g
호밀 20g
소금 3g
인스턴트이스트 3g
물 90g
올리브유 15g

토핑

모차렐라 치즈 200g
체다 치즈 100g
바질(또는 어린잎 채소) 적
당량

소스

피자소스 100g

Recipe

1. 체다 치즈는 다지고 모 차렐라 치즈와 바질을 적당한 크기로 잘라 토핑으로 준비해요.

2. 강력분과 호밀가루를 섞고 소금, 이스트를 서로 닿지 않게 넣어 골고루 섞은 다음

3. 미지근하게 데운 물과 올리브유를 넣어 주걱으로 대강 섞고

4. 손으로 반죽 표면이 매끈해지도록 약 10분간 반죽하세요.

5. 반죽을 한 덩어리로 뭉쳐 비닐을 덮고 따뜻한 곳에서

6. 처음 부피의 2~2.5배로 부풀 때까지 30~40분간 1차 발효를 시켜요.

7. 반죽을 2등분해서 둥글리고 비닐을 덮어 10~15분간 중간 발효를 시켜요.

8. 반죽이 바닥에 붙지 않게 덧밀가루를 뿌려가며 밀대로 동그랗고 얇게 밀고

9. 팬 위에 놓고 포크로 구멍을 내요.

10 피자 소스를 얇게 펴 바르고

11 치즈를 골고루 뿌리고 200~210℃로 예열한 오븐에서 12~15분간 굽고 바질이나 어린잎 채소를 올려 먹어요.

069

간 단 하 게 완 성 하 는
새우 브로콜리 피자

피자는 아이들 간식이나 주말 점심으로 적당한 메뉴지만 반죽이나 소스 만들기가 번거롭기도 해요.
피자 소스는 한꺼번에 넉넉한 양을 만들어 필요한 만큼 나눠 냉동 보관하세요.
반죽은 2차 발효가 없어 생각보다 시간이 많이 걸리지 않아요.
토핑으로 채소를 너무 많이 올리면 물기가 생겨 도우와 토핑이 따로 놀게 되니 주의하세요!

재료

중력분 150g
설탕 8g
소금 3g
인스턴트이스트 3g
물 85g
올리브유 15g

토핑

양파 1/3개
브로콜리 1/3개
파프리카 1/2개
햄 30g
칵테일새우 15마리
모차렐라 치즈 150~180g

소스

피자 소스 80g
파슬리가루 약간

Recipe

1 브로콜리는 끓는 물에 데치고, 새우는 삶아서 물기를 제거하고 채소와 햄은 적당한 크기로 잘라 토핑으로 준비해요.

2 제빵기에 미지근하게 데운 물, 올리브유, 설탕, 소금, 중력분, 이스트를 넣어 반죽하고 1차 발효까지 끝내세요.

3 반죽을 둥글리고 비닐을 덮어 10~15분간 중간 발효를 시켜요.

4 반죽이 바닥에 붙지 않게 덧밀가루를 뿌려가며 밀대로 동그랗고 밀어

5 피자 팬 위에 담고 손으로 반죽을 눌러 가장자리 부분을 도톰하게 만들고 포크로 구멍을 내요.

6 피자 소스를 얇게 펴 바르고

7 모차렐라 치즈의 반은 토핑으로 남기고 나머지 반만 소스 위에 뿌려요.

8 브로콜리와 파프리카, 양파, 새우, 햄을 골고루 올리고

9 남겨둔 모차렐라 치즈와 파슬리가루를 뿌리고 200~210℃로 예열한 오븐에서 15~18분간 구우세요.

070

하나만 먹어도 배 불러

감자 소시지 포카치아

설탕과 버터를 넣지 않고 올리브유를 넣어 반죽하는 포카치아는
담백하고 쫄깃한 식감 덕분에 다양한 토핑과 잘 어울리는데,
피자 도우로도 많이 사용한답니다. 포카치아에 감자와 소시지를 넣어
하나만 먹어도 배가 든든한 빵을 만들어봤어요.

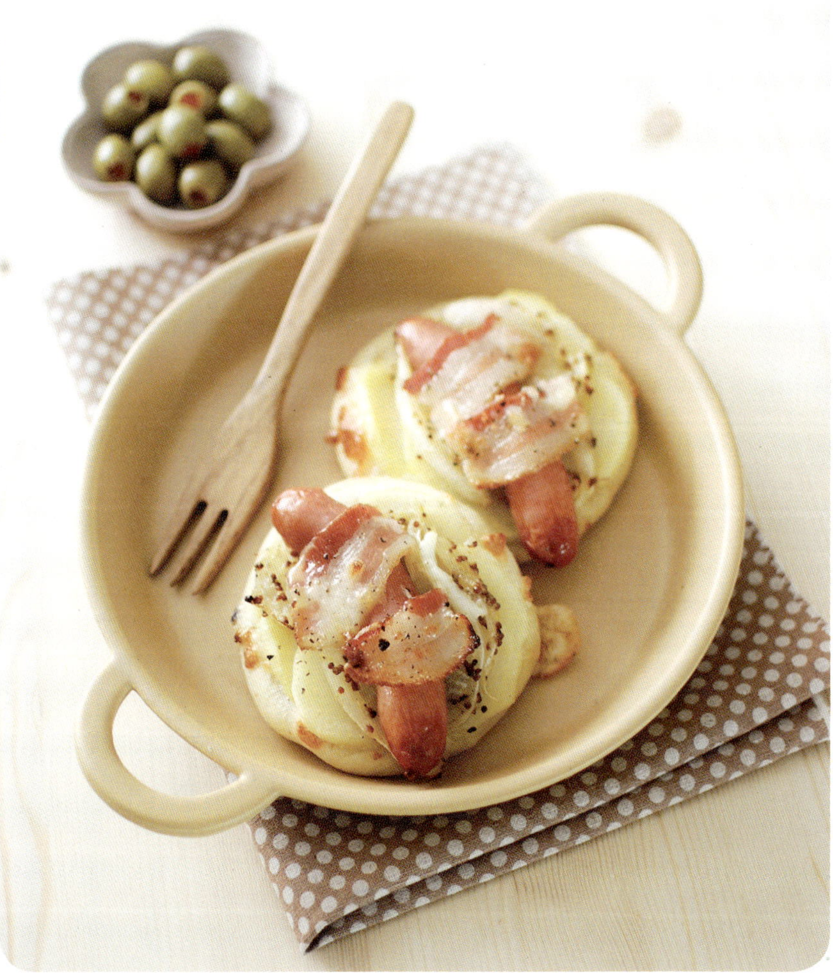

재료 6개 분량

강력분 150g
소금 2g
인스턴트이스트 3g
물 90g
올리브유 15g

토핑

감자 1개
소시지 6개
베이컨 3~4장
모차렐라 치즈 60g
후춧가루 약간

양파볶음

양파 1개
홀그레인 머스터드 1큰술
소금 · 후춧가루 약간씩
올리브유 적당량

1 감자는 껍질을 벗기고 썰어 소금물에 7~8분 간 삶아서 건져요.

2 불에 달군 팬에 올리브 유를 두르고 양파를 썰 어 넣어 볶다가 홀그레인 머 스터드를 넣고 소금과 후춧 가루로 간을 맞춰요.

3 제빵기에 미지근하게 데 운 물, 올리브유, 소금, 강력분, 이스트를 순서대로 넣어 반죽하고 1차 발효까지 끝내세요.

4 반죽을 6등분으로 나누 어 둥글리고 비닐을 덮 어 10~15분간 중간 발효를 시켜요.

5 반죽을 밀대로 지름 9cm 크기의 납작한 원형으로 밀어서

6 팬에 담고 비닐을 덮어 30~40분간 2차 발효를 시켜요.

7 발효된 반죽을 손가락으 로 군데군데 살짝 누른 다음 모차렐라 치즈를 올리 고

8 **1**의 감자와 **2**의 볶은 양 파를 올려요.

9 가운데 소시지를 놓고 베이컨으로 덮은 다음 후춧가루와 치즈를 살짝 뿌 려요. 180℃로 예열한 오븐 에서 12~15분간 구우세요.

빵 안에 불고기가!
불고기 베이커

불고기볶음을 반죽으로 돌돌 말아 구운 불고기 베이커는 대형마트의 인기 메뉴 중 하나예요.
신선한 채소와 함께 먹으면 든든한 식사가 되고 주말에 브런치로 즐기기에도 좋답니다.
이번 주말에는 불고기 베이커로 집에서 분위기를 내볼까요.

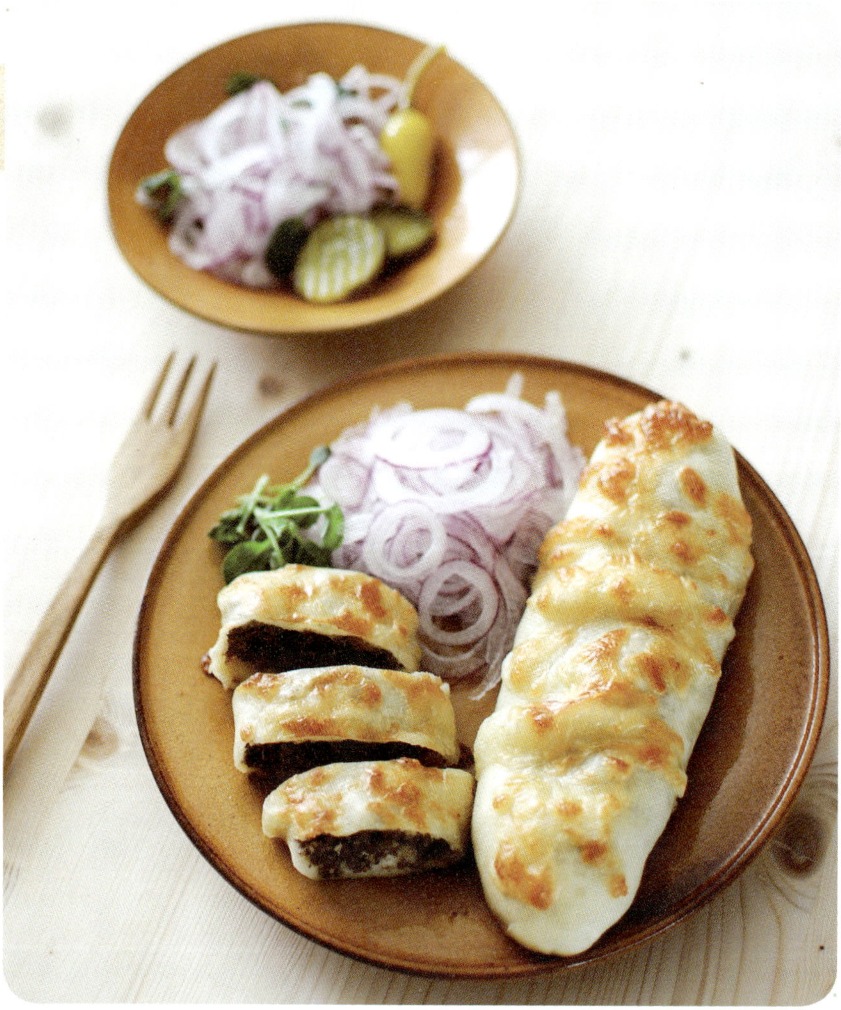

재 료

강력분 150g
소금 2g
인스턴트이스트 3g
물 85g
올리브유 10g

속 재료

쇠고기 280g
간장 2큰술
설탕 1큰술
청주 1큰술
다진 양파 1큰술
다진 마늘 1작은술
후춧가루 약간
모차렐라 치즈 100g

토핑

모차렐라 치즈 적당량

Recipe

1 쇠고기는 불고기감으로 준비해서 간장, 설탕, 청주, 양파, 마늘, 후춧가루를 넣어 양념하고

2 팬에 담아 강한 불에서 물기 없이 볶아요.

3 밀가루 위에 소금, 이스트를 서로 닿지 않게 넣어 골고루 섞고

4 미지근하게 데운 물과 올리브유를 넣어 반죽하기 전에 주걱으로 대강 섞어요.

5 반죽 표면이 매끈해지도록 약 10분간 반죽하세요.

6 반죽을 한 덩어리로 뭉쳐 비닐을 덮고

7 따뜻한 곳에서 처음 부피의 2.5~3배로 부풀 때까지 50~60분간 1차 발효를 시켜요.

8 반죽을 4등분으로 나눠서 둥글리고 비닐을 덮어 10~15분간 중간 발효를 시켜요.

9 반죽이 붙지 않게 덧밀가루를 뿌려가며 타원형이 되도록 밀고

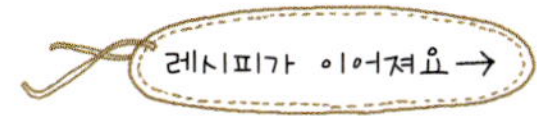

10 2의 불고기볶음을 적당량 올리고

11 불고기볶음 위에 모차렐라 치즈를 얹어요.

12 반죽을 돌돌 말아 속 재료가 새지 않게 끝을 꼬집듯 붙이세요.

13 이음매가 바닥으로 가도록 반죽을 팬에 놓고 비닐을 덮어 30분간 2차 발효를 시켜요.

14 반죽에 스프레이로 물을 듬뿍 뿌리고

15 토핑으로 모차렐라 치즈를 올려 190~200℃로 예열한 오븐에서 18~20분간 구우세요.

072

두 가지 토핑의 조화

햄 양파 파니니

올리브유를 넣어 촉촉하고 깔끔한 파니니는 샌드위치로 만들어 먹기 좋은 빵이에요.
도우가 담백해서 여러 가지 토핑을 올려 구우면
재료의 맛을 충분히 살릴 수 있는 다양한 빵으로의 응용도 가능하답니다.
햄과 양파를 토핑으로 올려 구워도 참 맛있어요.

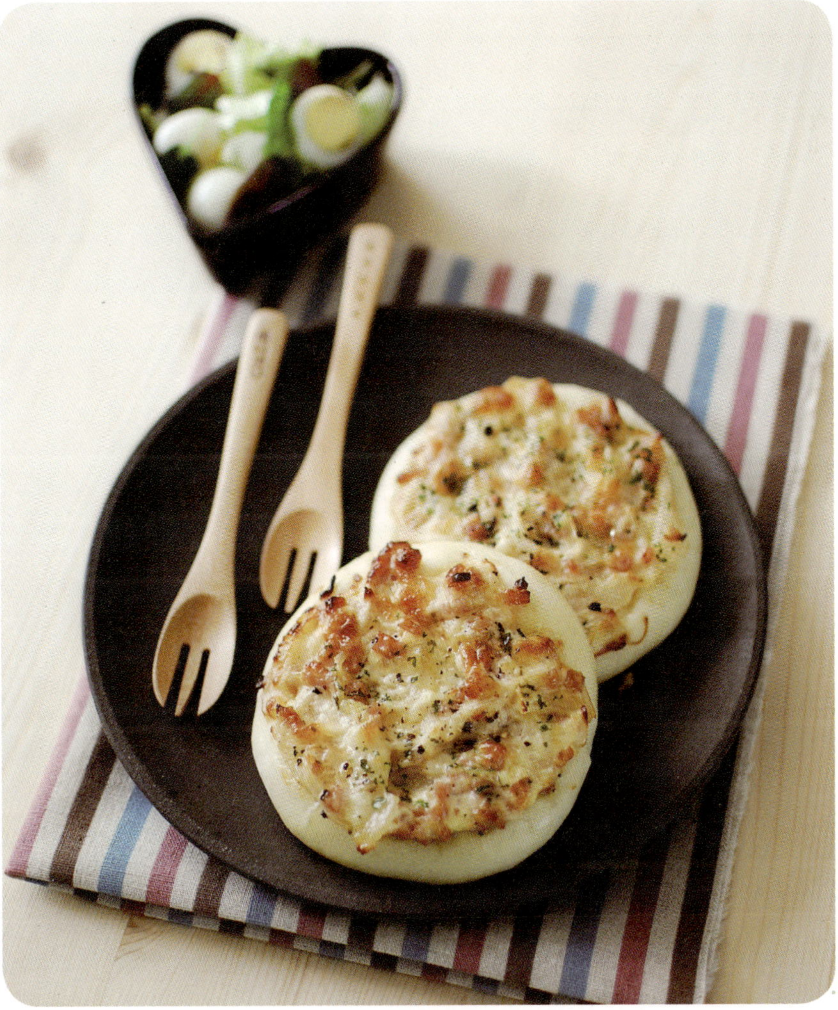

재 료

강력분 200g
설탕 4g
소금 3g
인스턴트이스트 4g
물 130g
올리브유 20g

토핑

햄 100g
양파 1개
크림치즈 90g
올리브유 적당량
소금 · 후춧가루 약간씩

마무리

모차렐라 치즈 · 파슬리가
루 약간씩

Recipe

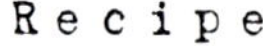

1 제빵기에 미지근하게 데
운 물, 올리브유, 설탕,
소금, 강력분, 이스트를 순서
대로 넣어 반죽하고 1차 발
효까지 끝내세요.

2 반죽을 약 40g씩 나눠서
둥글리고 비닐을 덮어
10~15분간 중간 발효를 시
켜요.

3 반죽이 바닥에 붙지 않게
덧밀가루를 조금씩 뿌려
가며 밀대로 지름 7~8cm 크
기의 원형으로 밀고

4 팬에 놓고 비닐을 덮어
40~50분간 2차 발효를
시켜요.

5 반죽이 발효되는 동안
토핑을 만들어요. 팬에
올리브유를 두르고 잘게 썬
양파와 햄을 넣어 볶다가 소
금과 후춧가루로 간하고

6 부드럽게 푼 크림치즈를
섞어 토핑을 완성해요.

7 발효된 반죽을 손가락
으로 군데군데 살짝 누
르고

8 토핑을 반죽 위에 골고
루 올려요.

9 모차렐라 치즈와 파슬리
가루를 뿌리고 180℃로
예열한 오븐에서 10~12분
간 구우세요.

073

맛있는 도깨비방망이

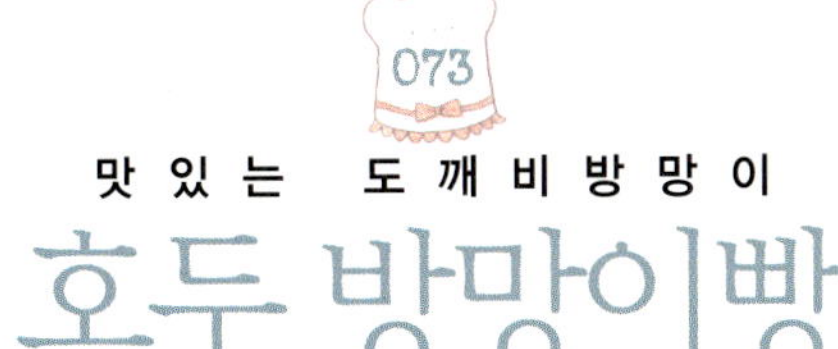

호두 방망이빵

베이커리에서 먹어본 후 반해버린 빵이에요.
호두와 달콤한 토핑을 두른 호두 방망이빵은
뾰족한 가시가 돋아 있는 도깨비방망이를 닮았어요.
도깨비방망이를 휘둘러 요술을 부린 것처럼 맛있답니다.

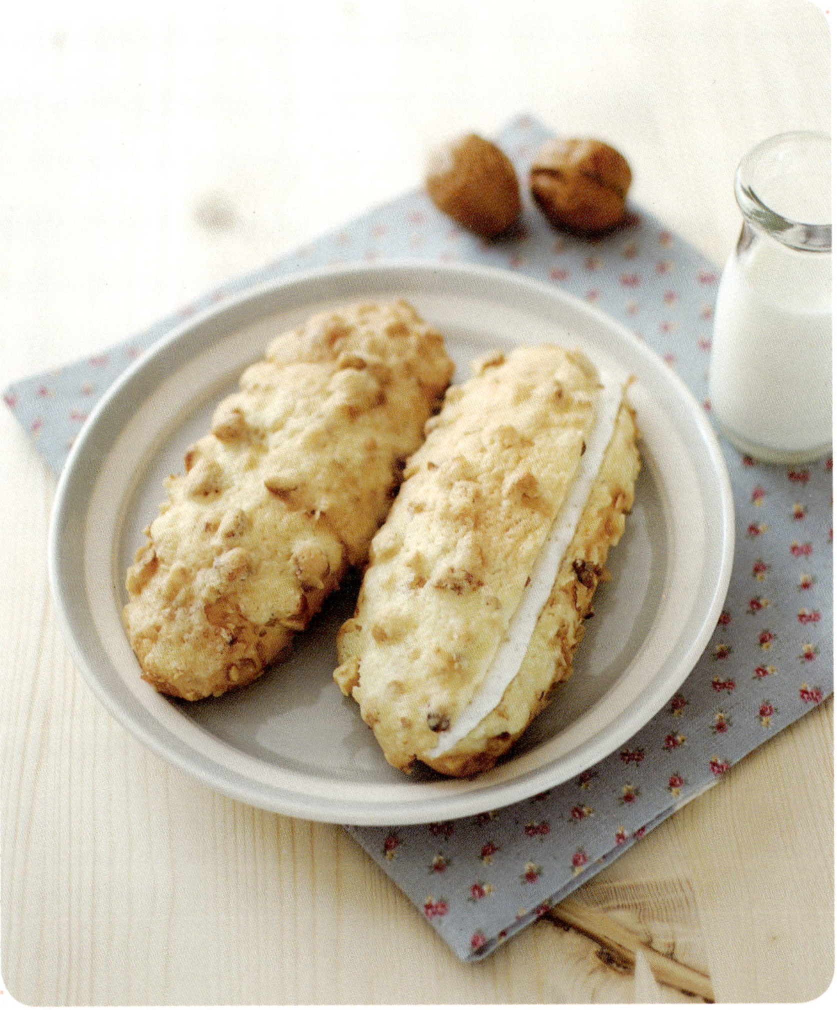

10개 분량

강력분 200g
설탕 30g
소금 3g
인스턴트이스트 4g
달걀 1개
우유 40g
물 40g
버터 35g
호두 100g

토핑

박력분 35g
설탕 30g
달걀 1/2개
버터 30g

샌드 크림

버터크림 120g
호두 20g

Recipe

1 실온에 두어 부드러워진 버터에 설탕을 넣어 섞어요.

2 달걀을 풀어 두 번 정도 나눠 넣고 거품기로 가볍게 저어요.

3 박력분을 체 쳐서 넣고 밀가루가 보이지 않게 섞어

4 짤주머니에 담아요.

5 호두는 180℃로 예열한 오븐에서 5~6분간 굽거나 마른 팬에 살짝 볶아서 칼을 이용해 적당한 크기로 다져요.

6 제빵기에 미지근하게 데운 우유, 물, 설탕, 소금, 강력분, 달걀, 버터, 이스트를 순서대로 넣어 반죽해요.

7 제빵기의 사용설명서에 따라 1차 발효까지 끝내고

8 반죽을 약 40g씩 나눠서 둥글리고 비닐을 덮어 10~15분간 중간 발효를 시켜요.

9 반죽이 바닥에 붙지 않게 덧밀가루를 조금씩 뿌려가며 밀대로 기다랗게 밀고

10 양쪽 끝을 길게 접고

11 끝부분을 서로 꼬집듯 붙여 막대 모양을 만들어요.

12 반죽에 물을 살짝 바르고 5의 다진 호두에 굴려 반죽 표면에 호두를 듬뿍 묻혀요.

13 이음매가 바닥으로 가게 팬에 놓고 비닐을 덮어 40~50분간 2차 발효를 시켜요.

14 발효된 반죽 위에 4의 토핑 크림을 뿌리고 180℃로 예열한 오븐에서 10~12분간 구우세요.

샌드 크림과 마무리 ⋯⋯

호두 대신 땅콩잼을 조금 섞어도 맛있어요.

15 버터크림에 호두를 으깨어 넣어 샌드 크림을 만들고 짤주머니에 담아요.

버터크림 만들기는 31쪽을 참고하세요.

16 빵의 가운데를 길게 잘라 크림을 짜 넣어요.

074

하와이의 맛이란 이런 것!

하와이언 브리오슈

하와이언 브리오슈는 케이크처럼 부드러운 반죽 위에
크림치즈 필링을 바르고 달콤한 파인애플과 바나나를 올려 구운 빵이에요.
한 입 베어 물면 달콤하고 상큼한 맛이 입안 가득 퍼진답니다.

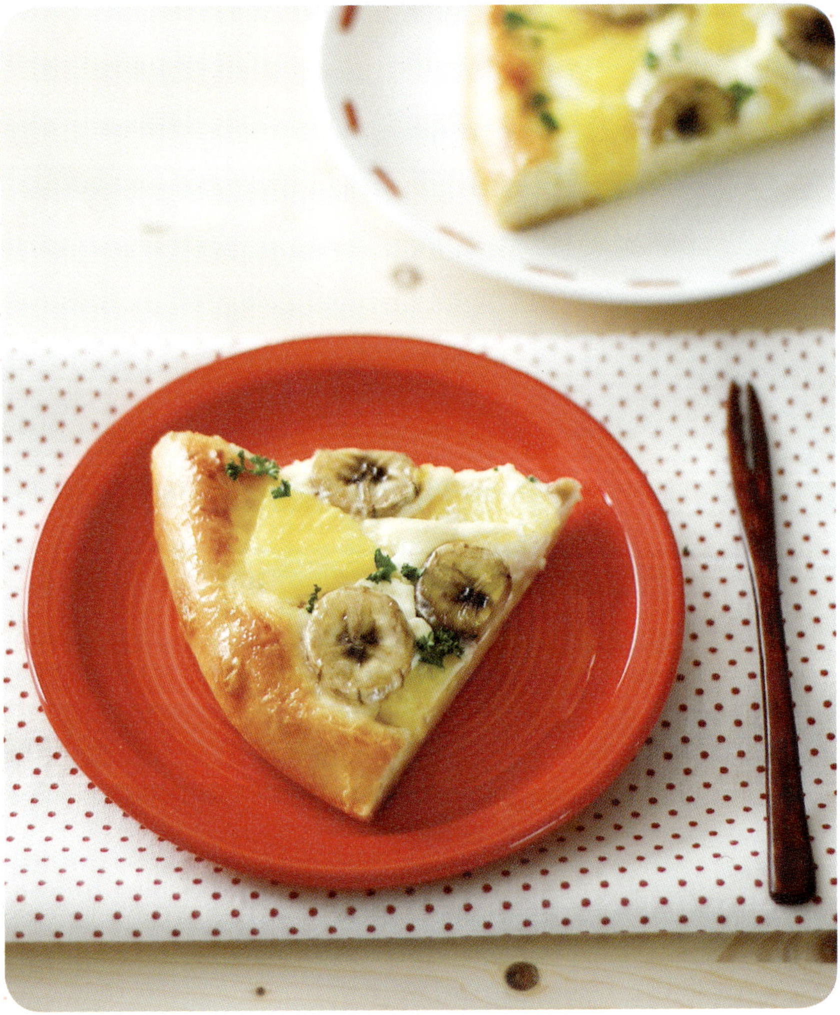

재 료

강력분 200g
설탕 25g
소금 3g
인스턴트이스트 5g
달걀 1개
우유 40g
물 40g
버터 80g

필링

크림치즈 80g
슈거 파우더 20g
우유 15g
바닐라액(또는 럼) 4g

토핑

파인애플 200g
바나나 1개
파슬리가루 약간

마무리

미로와(또는 살구잼)
적당량

Recipe

1 바나나와 파인애플은 물기를 제거해서 자르세요.

2 실온에 둔 크림치즈와 슈거 파우더를 섞어 부드럽게 풀고 우유와 바닐라액을 넣어 크림치즈 필링을 만들어요.

3 제빵기에 미지근하게 데운 물, 우유, 설탕, 소금, 강력분, 달걀, 버터를 넣은 다음 이스트를 밀가루 위에 올려 반죽과 1차 발효를 끝내세요.

4 반죽을 반으로 나눠 둥글리고 비닐을 덮어 10~15분간 중간 발효를 시켜요.

5 반죽을 밀대로 동그랗게 밀어서

6 팬에 놓고 반죽의 테두리 부분은 남기고 가운데 부분을 손으로 눌러요. 비닐을 덮어 40분간 2차 발효를 시켜요.

7 바닥에 포크로 구멍을 내고 크림치즈 필링을 바르세요.

8 파인애플과 바나나를 얹고 180~185℃로 예열한 오븐에서 15분 정도 구우세요.

9 표면이 마르지 않게 미로와를 바르고 파슬리가루를 뿌리세요.

075

커피와 함께 즐겨요

벨지언 와플

카페에 가면 커피와 함께 벨지언 와플을 즐기는 분들 많으시죠.
이스트를 넣어 발효시킨 반죽으로 만든 벨지언 와플은 달지 않아서
신선한 과일이나 크림과도 잘 어울려요. 베이킹파우더를 넣어
달콤하게 만드는 아메리칸 와플과 헷갈리지 마세요!

간식용 빵

재 료

중력분 200g
설탕 20g
소금 3g
인스턴트이스트 4g
달걀 1개
우유 80g
버터 30g

토핑
우박설탕 80g

Recipe

1 제빵기에 미지근하게 데운 우유, 설탕, 소금, 중력분, 달걀, 버터, 이스트를 순서대로 넣고

2 제빵기의 사용설명서에 따라 반죽하고

3 1차 발효까지 끝내세요.

4 반죽을 약 35g씩 나눠서 둥글리고

5 표면에 물을 살짝 묻힌 다음 우박설탕에 굴리고

6 비닐을 덮어 10~20분 간 2차 발효를 시켜요.

7 약한 불에 와플팬을 달구어 반죽을 얹고

8 약 3~4분간 표면이 노릇노릇하게 구우세요.

커 피 토 핑 과 짭짤한 버 터 ~

모카번

로티보이번, 커피번, 모카번 등 부르는 이름은 조금씩 다르지만
커피 반죽을 토핑하고 속에는 짭짤한 버터를 넣은 빵이란 건
모두들 잘 아실 거예요. 빵의 바삭한 겉 부분은
시간이 지나면 눅눅해지니 굽자마자 바로 먹는 게 좋아요.

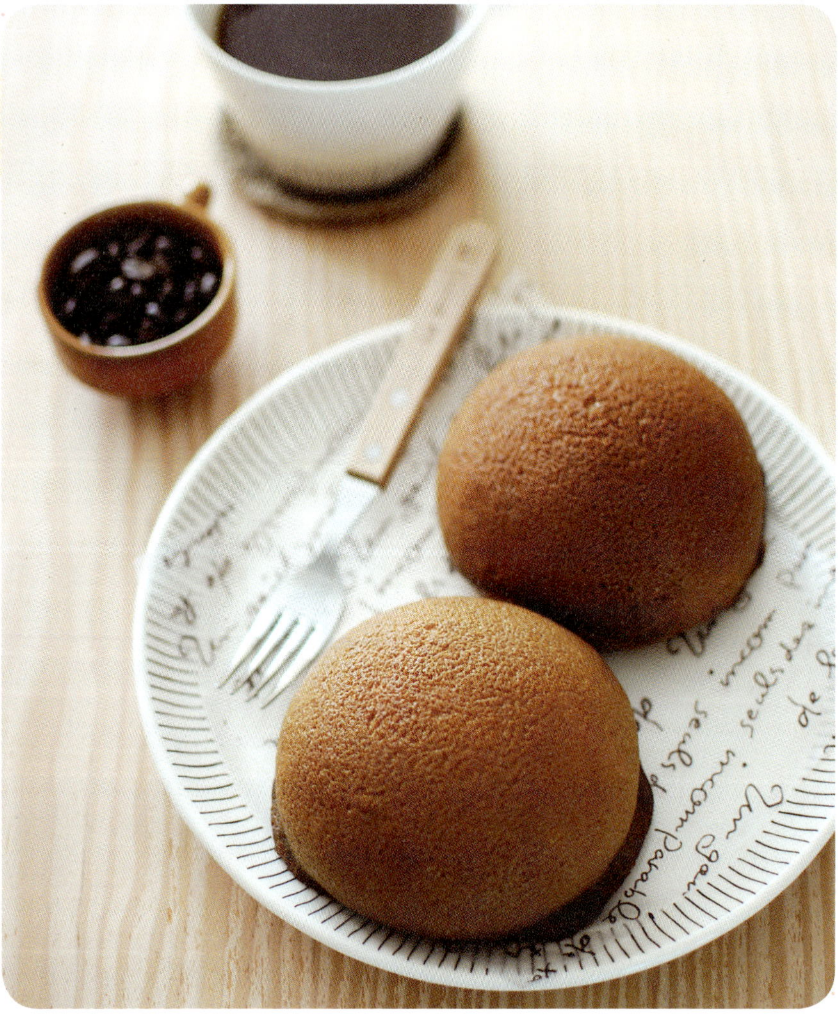

재료

강력분 200g
설탕 20g
소금 3g
인스턴트이스트 4g
달걀 1개
우유 40g
물 40g
버터 30g

토핑

박력분 40g
황설탕 40g
버터 40g
달걀 1/2개
인스턴트커피 3g
물 8g
칼루아(커피술) 8g

충전물

가염버터 64~80g

Recipe

1 실온에 두어 말랑말랑해진 버터에 황설탕을 넣어 섞은 다음, 달걀을 두 번에 나눠 넣어 크림 상태가 되도록 저으세요.

2 미지근한 물에 인스턴트 커피를 녹이고 칼루아를 함께 섞고

3 박력분을 체 쳐서 넣어 주걱으로 가볍게 섞어요.

4 토핑을 지름 0.8cm 깍지를 끼운 짤주머니에 담아요.

5 제빵기에 미지근하게 데운 우유, 물, 설탕, 소금, 강력분, 달걀, 버터, 이스트를 순서대로 넣어 반죽해요.

6 제빵기에서 1차 발효까지 끝내고

7 반죽을 약 50g씩 나눠서 둥글리고 비닐을 덮어 10~15분간 중간 발효를 시켜요.

8 반죽을 손바닥으로 눌러 납작한 원형으로 만들고

9 소금이 들어간 가염버터를 8~10g씩 잘라 넣어요.

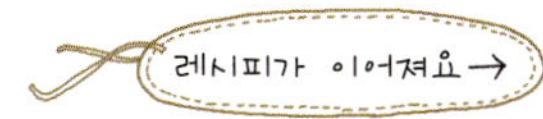

10 반죽을 모아 끝을 꼬집듯 잘 붙이고

11 이음매가 바닥으로 가도록 팬에 놓고 비닐을 덮어 40~50분간 2차 발효를 시켜요.

12 발효된 반죽 위에 4의 토핑 크림을 달팽이 모양으로 짜고 180℃로 예열한 오븐에서 10~12분간 구우세요.

우린 커피와 제법 잘 어울려요~

내가 만든 빵과 함께 향 좋은 커피 한 잔 즐기는 기쁨도 놓칠 수 없죠.
커피와 특히 잘 어울리는 잇 브레드를 소개합니다.

1위 

브라우니

브라우니가 영광의 1위를 차
지했어요.
커피와 잘 어울리는 맛으론
둘째가라면 서럽지요.

2위 

모카 머랭쿠키

머랭쿠키에 들어간 모카가
커피의 향을 돋우는 역할을
해요.

3위 

오렌지 마들렌

오렌지의 상큼함과 커피의
쌉쌀함을 함께 즐기는 새로
운 경험이 될 거예요.

4위 

치즈 스틱케이크

스틱 모양으로 만든 치즈케
이크! 커피를 마시며 한손에
들고 먹기 간편해서 좋아요.

5위 

딸기 컵케이크

딸기 컵케이크의 달콤상큼함
을 부담스럽지 않게 즐기려
면 꼭 따뜻한 커피와 함께!

6위 

화이트초콜릿 도넛

부드러운 화이트초콜릿이 토
핑으로 올라간 도넛. 도넛은
꼭 커피와 함께 즐기라는 광
고 카피도 있잖아요~

077

은 근 히 매 력 적 인 맛

햄 치즈 올리브 브레드

짭조름한 올리브와 치즈, 햄을 과하지 않게 넣어
살짝살짝 씹히는 맛이 은근히 매력적인 빵이에요.
통밀을 약간 섞어 구수한 향도 느낄 수 있지요.
식전 빵으로 즐기거나 식사 중에 곁들이면 누구나 좋아해요.

간식 & 빵

재 료

4개 분량

강력분 270g
통밀가루 30g
설탕 10g
소금 4g
인스턴트이스트 4g
물 190g
올리브유 30g
올리브 25g
체다 치즈 30g
햄 30g

1 올리브, 체다 치즈, 햄을 잘게 다져요.

2 제빵기에 미지근하게 데운 물, 올리브유, 설탕, 소금, 강력분, 통밀가루, 이스트를 순서대로 넣어 반죽하고 반죽이 끝나기 1~2분 전에 다진 올리브, 체다 치즈, 햄을 넣어요.

3 제빵기에서 1차 발효까지 끝내고

4 반죽을 4등분으로 나누어 비닐을 덮어 15~20분간 중간 발효를 시켜요.

5 반죽이 바닥에 붙지 않게 덧밀가루를 뿌려가며 밀대로 길게 밀어요.

6 반죽을 돌돌 말아서

7 이음매를 꼬집듯이 붙여 막대 모양으로 만들어요.

8 캔버스천에 덧밀가루를 뿌리고 반죽을 놓고 비닐을 덮어 약 60분간 2차 발효를 시켜요.

9 반죽을 팬에 옮기고 표면이 마르도록 3분 정도 두었다가 밀가루를 살짝 뿌리고 칼날을 뉘어서 칼집을 넣어요. 185~190℃로 예열한 오븐에서 15~18분간 구우세요.

078

허 니 버 터 와 함 께 먹 는

브라운 브레드

패밀리 레스토랑에서 식사 전에 제공되는 빵으로 유명한 브라운 브레드!
반죽에 꿀이 들어 있어 속살이 촉촉하고 달콤해요.
버터에 꿀을 섞어 만든 허니 버터와 함께 먹으면
너욱 맛있다는 것, 잘 아시죠?

간식용 빵

재 료

강력분 200g
통밀가루 50g
코코아 파우더 10g
설탕 10g
꿀 40g
소금 4g
인스턴트이스트 5g
물 150g
버터 20g
인스턴트커피 2g

덧가루
콘밀 약간

허니 버터
버터 100g
꿀 20~30g
바닐라액(또는 럼) 4g

Recipe

1 제빵기에 미지근하게 데운 물을 담고 커피를 넣어 녹이고 설탕, 꿀, 소금, 강력분, 통밀가루, 코코아 파우더, 버터, 이스트를 순서대로 넣어 반죽해요.

2 제빵기에서 1차 발효까지 끝내고

3 반죽을 약 50g씩 나눠서 둥글리고 비닐을 덮어 10~15분간 중간 발효를 시켜요.

4 반죽이 바닥에 붙지 않게 콘밀을 덧가루로 뿌려가며 밀대로 12~15cm 길이로 밀고

5 양쪽 끝을 길게 접고

6 끝부분을 서로 꼬집듯 붙여 막대 모양으로 만들어요.

7 반죽을 팬에 놓고 비닐을 덮어 40~50분간 2차 발효를 시키고

8 180℃로 예열한 오븐에서 10~12분간 구우세요.

9 실온에 두어 부드러워진 버터에 꿀과 바닐라액을 넣어 핸드믹서로 충분히 휘핑해서 허니 버터를 만들어 빵과 곁들여요.

079

고 소 하 고   부 드 러 운   맛 을   자 랑 하 는
크라믹

다른 빵에 비해 버터와 달걀이 많이 들어간 크라믹은
그만큼 고소하고 부드러운 맛을 자랑해요. 반죽에 구멍을 내서 버터를 짜고
설탕을 토핑으로 구운 빵이지만 맛은 빵과 과자의 중간 정도쯤 된다고 할까요.
직접 만들어 그 오묘한 맛을 즐겨보세요.

간식용 빵

재 료

강력분 200g
설탕 30g
소금 3g
인스턴트이스트 5g
달걀 1개
우유 70~80g
버터 90g

토핑

달걀물(달걀 10g,
우유 20g) · 버터 ·
우박설탕 · 설탕
적당량씩

Recipe

1 제빵기에 미지근하게 데 운 우유, 설탕, 소금, 강 력분, 달걀, 버터, 이스트를 순서대로 넣어 반죽하고

2 제빵기에서 1차 발효까 지 끝내세요.

3 반죽을 약 50g씩 나눠서 둥글리고 비닐을 덮어 10~15분간 중간 발효를 시 켜요.

4 반죽을 밀대로 지름 8~9cm 크기의 원형으 로 밀고

5 팬에 놓고 비닐을 덮어 40~50분간 2차 발효를 시켜요.

6 발효된 반죽을 손가락으 로 군데군데 누른 다음

7 달걀물을 바르고 구멍에 버터를 짠 다음 설탕과 우박설탕을 뿌려요.

8 180℃로 예열한 오븐에 서 10~12분간 구우세요.

080

시 원 한 여 름 날 의 케 이 크
오레오 치즈케이크

오레오 치즈케이크는 오븐에 굽지 않고 젤라틴을 넣어 굳혀 만드는
레이어 치즈케이크의 한 종류애요. 더운 여름철에 생일을 맞이한
가족이나 친구들을 위해 만들어보세요.
아이스크림같이 시원하고 부드러운 맛이라 한여름의 생일을 빛내준답니다.

케
이
크

15×5cm
원형틀 1개 분량

크림치즈 150g
설탕 60g
달걀노른자 1개
우유 85g
생크림 120g
플레인 요구르트 60g
젤라틴 4g
바닐라액 6g
오레오 쿠키 40g

바닥 부분
오레오 쿠키 60g
녹인 버터 25g

토핑
오레오 쿠키 20g

Recipe

1 무스가 흐르지 않게 무스링 바닥에 랩을 씌우고 안쪽에 무스띠를 둘러요.

2 오레오 쿠키는 샌드 크림을 제거하고 푸드 프로세서나 밀대를 이용해 잘게 부숴요.

3 잘게 부순 쿠키와 녹인 버터를 섞어 무스링에 담고 꾹꾹 눌러 케이크 바닥을 만들어요.

4 실온에 둔 크림치즈를 덩어리 없이 부드럽게 풀고 요구르트를 섞어요.

5 젤라틴을 찬물에 담가 약 10분간 불려요.

6 냄비에 우유를 넣어 70~80℃로 뜨겁게 데우세요.

7 달걀노른자에 설탕을 넣어 거품기로 섞일 정도만 저어주고

8 6의 데운 우유를 달걀이 익지 않게 조금씩 섞은 다음

9 냄비로 옮겨 바닥이 눋지 않게 저어가며 70~80℃로만 끓여요.

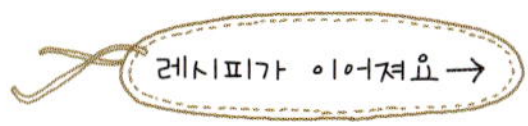

10 물에 불린 젤라틴은 물기를 꼭 짜서 넣고 주걱으로 골고루 섞어서 미지근하게 식히고

11 4의 크림치즈에 조금 씩 부어가며 부드럽게 섞어요.

12 생크림은 살짝 되직할 정도로(60~70%) 휘핑해서

13 11의 반죽에 넣어 골고루 섞고

14 바닐라액을 넣어 저어주고

15 적당히 부순 오레오 쿠키를 넣어 살짝 섞어 크림치즈 무스를 완성해요.

무스 굳히기와 마무리 ⋯→

16 랩을 씌운 무스링에 무스를 담고 표면을 정리한 다음 냉동실에 3~4시간 정도 넣어 굳혀요.

17 무스 표면에 쿠키를 곱게 빻아 뿌리고 무스링을 빼내세요.

081

상큼한 맛에 반했어

산딸기 무스케이크

산딸기 무스케이크는 생크림에 산딸기 퓌레를 넣어
젤라틴으로 굳혀 만드는 부드러운 케이크예요.
산딸기의 상큼함과 생크림의 부드러움이 하모니를 이뤄
카페에서도 한창 인기인 디저트 케이크랍니다.

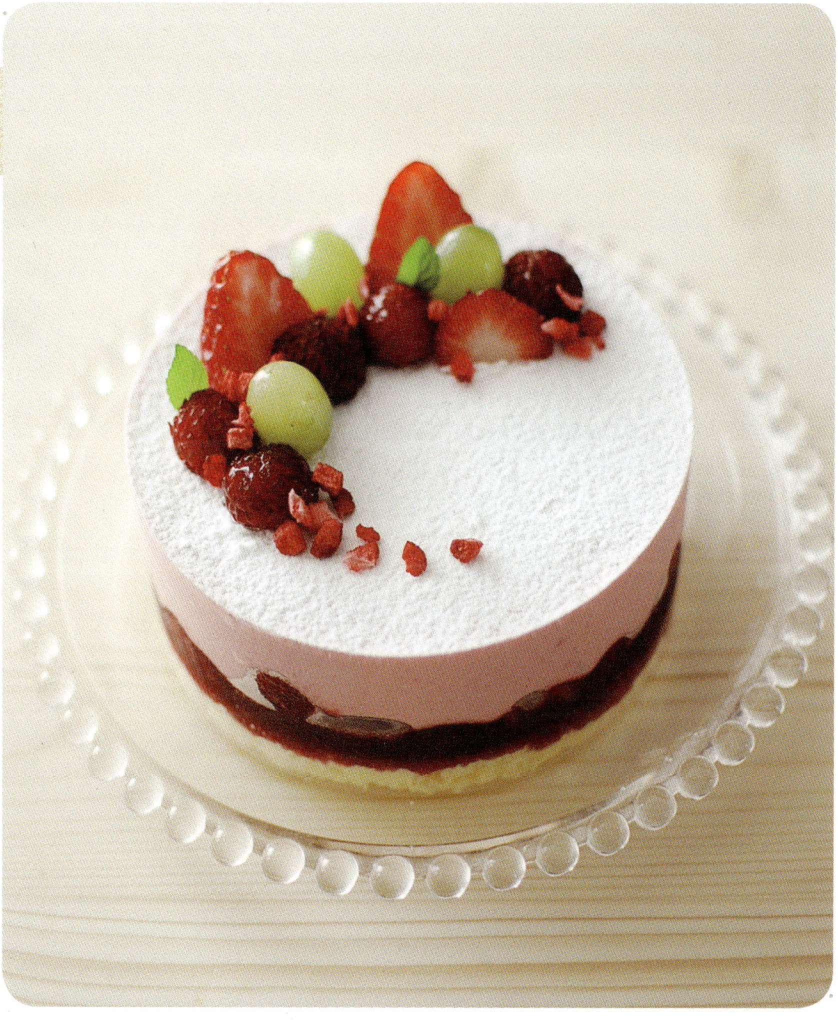

재 료

산딸기 퓌레 100g
달걀흰자 20g
설탕 40g
물 10g
생크림 130g
딸기술(또는 럼) 6g
젤라틴 4g

바닥 부분
제누아즈(두께 1.5cm) 1장

산딸기 쿨리
산딸기 퓌레 80g
설탕 15g
물엿 25g
젤라틴 2g
산딸기 100g

토핑과 마무리
슈거 파우더 · 과일 적당량씩

Recipe

1 1.5cm 두께로 슬라이스 한 제누아즈에 무스링을 눌러 크기에 맞게 시트를 준비해요.

2 무스링 바닥에 랩을 잘 씌우고 안쪽에 무스띠를 두른 다음

3 바닥에 시트를 놓아요.

4 젤라틴을 찬물에 담가 10분 정도 불려서 물기를 짜요.

5 냄비에 산딸기 퓌레, 설탕, 물엿을 넣고 주걱으로 저어가며 젤라틴이 녹을 정도로 뜨겁게 데워요.

6 물기를 제거한 젤라틴을 넣어 골고루 섞고

7 완전히 식으면 산딸기를 넣어 산딸기 쿨리를 완성해요.

8 3의 시트 위에 산딸기 쿨리를 담고 냉동실에 1시간 정도 넣어 굳혀요.

9 냄비에 산딸기 퓌레를 넣고 눋지 않게 주걱으로 저어가며 뜨겁게 데우고

프랑스어 '프랑브와즈(Framboises)'는 라즈베리(Raspberries)와 같은 뜻으로, 산딸기를 의미해요. 베이커리에서 프랑브와즈나 라즈베리라는 이름이 붙은 빵이나 케이크를 만난다면 '산딸기가 들어 있구나'가 정답!

10 찬물에 10분 정도 불린 젤라틴을 넣어 골고루 저어요.

11 생크림은 살짝 되직할 정도로(60~70%) 휘핑해요.

12 냄비에 설탕과 물을 넣고 불에 올린 다음 달걀흰자에 거품을 올리기 시작해요. 시럽을 1~2분간 팔팔 끓여서 달걀흰자에 조금씩 부어가며 계속 휘핑해요.

13 새부리처럼 뿔이 선 이탤리언 머랭을 만들어

14 11의 생크림에 나눠 넣고 거품기로 잘 섞어요.

15 10의 산딸기 퓌레도 조금씩 넣어 주걱으로 표면이 매끄럽도록 섞어요.

16 딸기술을 섞어 산딸기 무스를 완성해요.

17 8의 산딸기 쿨리가 굳으면 산딸기 무스를 담고 표면을 정리한 다음 냉동실에 3~4시간 정도 넣어 굳혀요.

18 무스링을 빼고 표면에 슈거 파우더를 뿌린 다음, 과일로 예쁘게 장식해요.

082

사랑을 고백할 땐

러블리 산딸기 컵케이크

연인을 위해 사랑스러운 컵케이크를 만들어보세요.
산딸기 퓌레를 넣은 상큼한 버터크림을 빵 위에 예쁘게 짜서
만든 컵케이크를 선물하면 컵케이크가 단숨에 사랑의 메신저로 변신하겠죠?

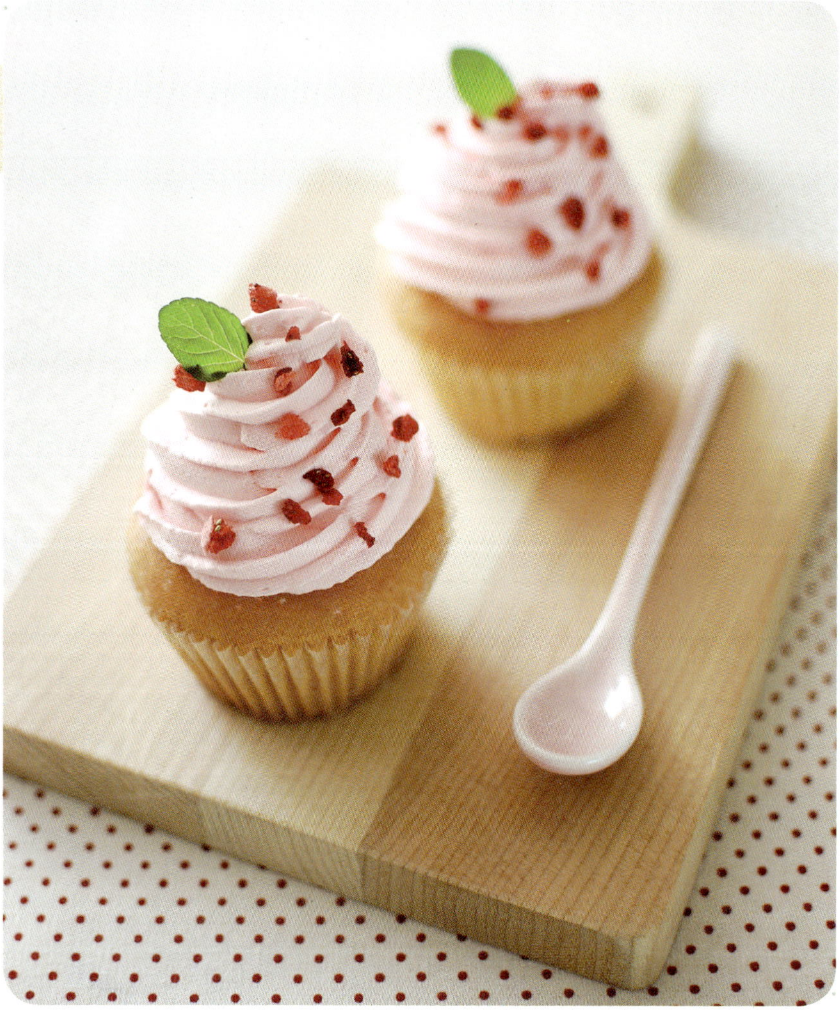

재 료

박력분 100g
설탕 80g
소금 0.5g
베이킹파우더 2g
달걀 2개
버터 90g
바닐라액(또는 럼) 6g

산딸기 크림

버터 100g
슈거 파우더 70g
생크림 30g
라즈베리 퓌레 30g
딸기술(또는 럼) 5g

내복곰의 친절한 팁

바닐라빈을 술에 담가 오랜 시간 숙성시킨 바닐라액(Vanilla Extract)은 빵, 케이크, 아이스크림의 맛과 향을 높여준답니다. 한 번 만들어두면 베이킹에 여러 용도로 유용하게 쓸 수 있는 천연 첨가물이 되어요(바닐라액 만들기는 35쪽을 참고하세요).

Recipe

1 실온에 둔 버터를 부드럽게 풀고 설탕, 소금을 넣고 거품기로 섞은 다음, 달걀을 조금씩 넣어가며 크림 상태가 되도록 잘 섞어요.

2 박력분, 베이킹파우더를 두 번 정도 체 쳐서 넣어 주걱으로 가볍게 섞고

3 바닐라액 또는 럼을 넣어 반죽을 완성해요.

4 반죽을 짤주머니에 담아서

5 머핀틀에 유산지를 깔고 반죽을 짜요.

6 160~165℃로 예열한 오븐에서 25~30분간 굽고 식힘망으로 옮겨 식히세요.

7 실온에 둔 부드러운 버터에 슈거 파우더를 넣고 핸드믹서로 섞어요.

8 생크림과 라즈베리 퓌레를 함께 전자레인지에 넣어 약 10초간 데운 다음 크림에 조금씩 넣어가며 딸기 크림을 만들고 딸기술을 가볍게 섞어 산딸기 크림을 완성해요.

9 짤주머니에 별 깍지를 끼우고 크림을 담아 컵케이크 위에 짜요.

한 손 에 들 고 먹 는

크림치즈 미니 컵케이크

크림으로 예쁘게 장식한 컵케이크는
아이들의 생일잔치나 축하행사에 내놓으면 케이크 못지않게 자리를 빛내줘요.
자를 필요가 없어 간편하고 한 손에 들고 먹기에도 좋아요.
나른한 오후, 차와 함께 즐기도 좋지요.

케
이
크

재 료

박력분 50g
코코아 파우더 10g
설탕 40g
베이킹파우더 1g
달걀 1개
녹인 버터 55g
럼 4g

크림치즈 프로스팅

크림치즈 50g
슈거 파우더 20g
생크림 50g
바닐라액 4g

Recipe

1 달걀을 볼에 풀고 설탕을 넣어 거품기로 가볍게 섞으세요.

2 박력분과 코코아 파우더, 베이킹파우더를 두 번 정도 체 쳐서 넣어 부드럽게 풀어요.

3 버터를 전자레인지나 중탕으로 녹여 넣고 럼을 넣어 가볍게 섞어 반죽해요.

4 반죽을 짤주머니에 담아 냉장실에 1시간 이상 넣어 휴지시켜요.

5 미니 머핀틀에 유산지를 깔고 반죽을 담아

6 160~165℃로 예열한 오븐에서 12~15분간 구우세요.

7 실온에 둔 크림치즈에 슈거 파우더를 넣어 섞고

8 생크림을 부드럽게 80% 정도 휘핑해서 넣어 주걱으로 섞고 바닐라액을 넣어 크림치즈 프로스팅을 만들어요.

9 짤주머니에 1cm 크기의 원형 깍지를 끼우고 크림을 담아 컵케이크 위에 장식하듯 짜요.

체 리 와 초 콜 릿 의 진 한 만 남

체리 포레스트 케이크

체리 포레스트는 '검은 숲'이라는 뜻으로, '체리 포레누아'라고도 불러요.
체리와 초콜릿이 어우러져 독특하면서 근사한 맛을 만들어내죠.
무스링을 이용해서 만들면 따로 아이싱할 필요가 없어
간편하게 예쁜 케이크를 만들 수 있다는 것도 장점이에요.

케이크

13.5×6cm
원형틀 1개 분량

재 료

생크림A 50g
설탕 35g
생크림B 170g
젤라틴 3g
바닐라액 5g
체리 약간

바닥 부분

초코 제누아즈(두께 1.5cm)
2장

시럽

물 40g
설탕 25g
럼 2g

토핑

체리 · 초콜릿 · 생크림
적당량씩

Recipe

1 장식용으로 사용할 체리를 남기고 나머지 체리는 씨를 제거하고 자르세요.

2 냄비에 물, 설탕을 넣어 끓인 다음 식으면 럼을 넣어 시럽을 만들어요.

3 초코 제누아즈를 1.5cm 두께로 슬라이스해 2장을 준비해요.

4 무스링 바닥에 랩을 씌우고 안쪽에 무스띠를 둘러요.

5 무스링 크기에 꼭 맞게 제누아즈를 잘라 무스링에 끼워 넣고 2의 시럽을 시트가 젖도록 충분히 바르세요.

6 젤라틴을 찬물에 담가 약 10분간 불려요.

7 냄비에 생크림A와 설탕을 넣어 60℃ 정도로 데우고

8 6의 젤라틴을 물기를 꼭 짜서 넣고 주걱으로 저어 녹여요.

9 생크림B는 살짝 되직한 60~70% 정도로 휘핑하고

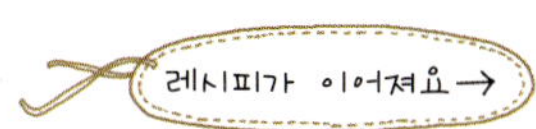

10 8의 젤라틴과 섞인 생크림A를 조금씩 넣어 섞어요.

11 바닐라액을 넣어 가볍게 저어 생크림 무스를 완성해요.

12 5의 무스링에 생크림 무스를 1/2 정도 채우고 잘라놓은 체리의 일부를 올려요.

13 3의 제누아즈를 올리고 시럽을 충분히 바른 다음

14 나머지 체리를 시트 위에 올려요.

15 나머지 생크림 무스를 채우고 스패튤라로 표면을 정리하고 냉동실에 1~2시간 정도 넣어 굳혀요.

18 초콜릿을 칼이나 필러로 긁어 냉동실에 넣었다가 케이크 위에 올리고 휘핑한 생크림을 살짝 짜고 그 위에 체리를 올려 장식해요.

한 입 넣는 순간 기분 업!

티라미수

티라미수는 '나를 끌어올린다'라는 뜻이래요.
부드럽고 달콤한 맛에 이름만큼이나 기분이 좋아지는 이탈리아 정통 디저트 케이크죠.
이탈리아에서 생산되는 마스카르포네 치즈를 사용하면 좋지만
일반 크림치즈를 써도 괜찮아요.

케이크

재 료

크림치즈 100g
설탕 25g
우유 40g
생크림 80g
젤라틴 3g
바닐라액 6g

바닥 부분

제누아즈(두께 1.5cm) 4장

커피 시럽

물 50g
설탕 30g
인스턴트커피 3g
칼루아(커피술) 4g

토핑과 마무리

코코아 파우더 · 슈거 파우
더 적당량씩

Recipe

1 냄비에 물, 설탕, 인스턴
트커피를 넣어 끓인 다
음 식으면 칼루아를 넣어 커
피 시럽을 만드세요.

2 1.5cm 두께로 슬라이스
한 제누아즈에 무스링을
눌러 크기에 맞는 시트를 4
장 준비해요.

3 무스링 바닥에 랩을 잘
씌우고 안쪽에 무스띠를
둘러요.

4 무스링 바닥에 시트를
놓고 1의 커피 시럽을
시트가 젖도록 충분히 바르
세요.

5 젤라틴을 찬물에 담가
약 10분간 불려서 물기
를 짜요.

6 냄비에 우유, 설탕을 넣
어 70~80℃ 정도로 뜨
겁게 데우고

7 5의 젤라틴을 넣고 주걱
으로 골고루 저어 녹이
고 미지근하게 식혀요.

8 실온에 둔 크림치즈를
덩어리 없이 부드럽게
풀고 7의 우유 혼합물을 조
금씩 넣으면서 섞어요.

9 생크림은 살짝 되직한
60~70% 정도로 휘핑
해서

10 8의 반죽에 넣고 주걱으로 부드럽게 섞고

11 마지막으로 바닐라액을 넣어 무스를 완성해요.

12 4의 시트 위에 무스를 틀의 반 정도만 담고

13 시트를 하나 더 올린 다음 커피 시럽을 듬뿍 바르세요.

14 나머지 무스를 채우고 표면을 정리한 다음 냉동실에서 3~4시간 정도 넣어 굳혀요.

15 코코아 파우더를 체 쳐서 뿌리고

16 슈거 파우더로 예쁘게 장식하고 틀을 빼내세요.

용기에 담아 만드는

간단
티라미수

티라미수는 케이크로도 만들지만 용기에 담아 만들어도 좋아요.
투명하고 예쁜 디저트컵 등 다양한 용기를 이용하면
모양에 크게 신경 쓸 필요가 없어 쉽고 간단하게 완성할 수 있으며
스푼으로 푸딩처럼 떠 먹을 수 있어요.

086

맛 있 는 열 매 로 장 식 한

초콜릿 무스케이크

산딸기, 블루베리 등의 열매로 케이크를 장식하면 간편하면서도
예쁘게 꾸밀 수 있지만 제철 과일이라 구하기가 조금 힘들어요.
산딸기와 블루베리는 5~6월이 제철이니 그때 구입해서 냉동시키면 1년 내내 사용할 수 있어요.
냉동 시에는 땡땡한 과실을 고르고 물에 씻지 말고 그대로 보관해야 물러지지 않아요.

케이크

15×5cm
원형틀 1개 분량

다크 초콜릿 60g
밀크 초콜릿 40g
설탕 10g
달걀노른자 1개
우유 40g
생크림A 40g
생크림B 130g
젤라틴 3g
바닐라액 6g

바닥 부분

초코 제누아즈(두께 1.5cm)
1장

시럽

물 20g
설탕 13g
럼 1g

글라사주

코코아 파우더 25g
설탕 50g
물엿 10g
생크림 30g
물 50g
젤라틴 3g

Recipe

케이크 바닥 만들기 ···→

초코 제누아즈 만들기는 24쪽을 참고하세요.

1 초코 제누아즈를 1.5cm 두께로 슬라이스해 1장 준비해요.

2 제누아즈에 무스링을 눌러 크기에 맞게 시트를 잘라요.

3 무스링 바닥에 랩을 씌우고 안쪽에 무스띠를 두른 다음 바닥에 시트를 놓아요. 물과 설탕을 끓여 식으면 럼을 넣어 시럽을 만들고 시트에 시럽을 촉촉하게 발라요.

무스 만들기 ···→

여름에는 얼음물을 사용하세요.

4 젤라틴을 찬물에 담가 약 10분간 불려요.

5 냄비에 우유와 생크림A를 넣어 70~80℃ 정도로 뜨겁게 데워요.

6 달걀노른자에 설탕을 넣어 덩어리가 생기지 않게 재빨리 섞고

7 5의 우유와 생크림 혼합물을 달걀이 익지 않게 조금씩 넣어 섞어요.

온도가 너무 높으면 달걀노른자가 익으니 주의하세요.

8 7을 냄비로 옮겨 바닥이 눋지 않게 저어가며 약 85℃까지 은근히 끓이고

9 뜨거울 때 다크 초콜릿과 밀크 초콜릿을 넣고

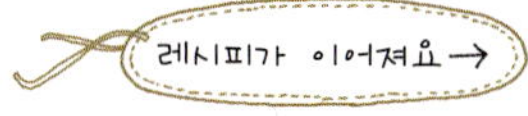
레시피가 이어져요 →

10 4의 젤라틴을 물기를 꼭 짜서 넣어

11 주걱으로 골고루 섞어 윤기 나고 매끄러운 초콜릿 반죽을 만들어요.

12 생크림은 살짝 되직할 60~70% 정도로 휘핑해서

13 11의 초콜릿 반죽을 조금씩 넣어 주걱이나 거품기로 골고루 섞어요.

14 바닐라액을 넣어 가볍게 저어 초콜릿 무스를 완성해요.

15 3의 무스링에 초콜릿 무스를 담고 표면을 정리한 다음 냉동실에 1~2시간 정도 넣어 굳혀요.

16 냄비에 생크림, 물, 설탕, 물엿을 넣어 보글보글 끓인 다음 코코아 파우더를 체 쳐서 넣어 섞어요.

17 젤라틴은 글라사주를 만들기 10분 전에 찬물에 불리고 물기를 꼭 짜서 넣어 골고루 섞고

18 덩어리를 체에 거르고 식힌 뒤 15의 초콜릿 무스에 붓고 냉동실에서 3~4시간 정도 굳히세요. 먹기 직전에 과일이나 마카롱으로 예쁘게 장식하세요.

087

두 가지 색의 특별한 쿠키

브라우니 쿠키

화이트 반죽 사이에 초코 반죽을 넣어 구운 브라우니 쿠키는 만드는 과정과 모양이
일반 쿠키와는 조금 달라요. 두 가지 반죽을 만들어 한 가지 반죽으로 다른 반죽을 감싸는데
겉의 반죽을 얇게 밀어야 속의 쿠키가 보일 듯 말 듯 예쁘고 먹음직스럽답니다.

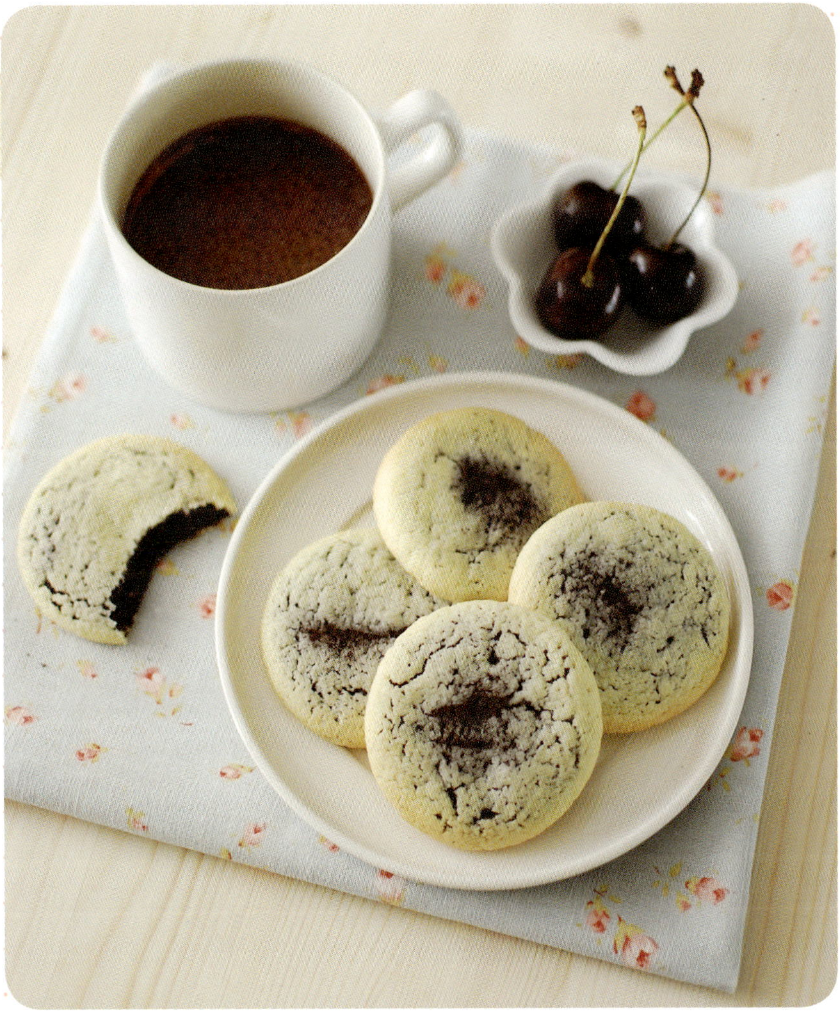

30~35개 분량

초코 반죽

박력분 120g
코코아 파우더 25g
황설탕 90g
소금 0.5g
베이킹파우더 1g
베이킹소다 1g
달걀 1/2개
버터 90g
럼 6g

화이트 반죽

박력분 140g
설탕 60g
달걀 1/2개
버터 60g

Recipe

1 실온에 두어 부드러워진 버터에 황설탕과 소금을 넣어 가볍게 저으세요.

2 실온에 둔 달걀을 풀어 두 번에 나눠 넣어 크림 상태가 되도록 거품기로 가볍게 저어주고

3 럼을 섞어요. 럼은 달걀의 비린내를 없애고 맛과 향을 높여요.

4 박력분과 코코아 파우더, 베이킹파우더, 베이킹소다를 함께 체 쳐서 넣고

5 주걱으로 가볍게 섞은 다음

6 비닐로 싸서 냉장고에 1시간 정도 넣어 반죽을 살짝 굳혀요.

7 화이트 반죽을 만들어요. 실온에 두어 부드러워진 버터에 설탕을 섞고 달걀을 두 번 정도 나눠 넣어 크림 상태가 되도록 섞어요.

8 박력분을 체 쳐서 넣어

9 가볍게 섞고 반죽을 냉장고에 넣어 살짝 굳혀요.

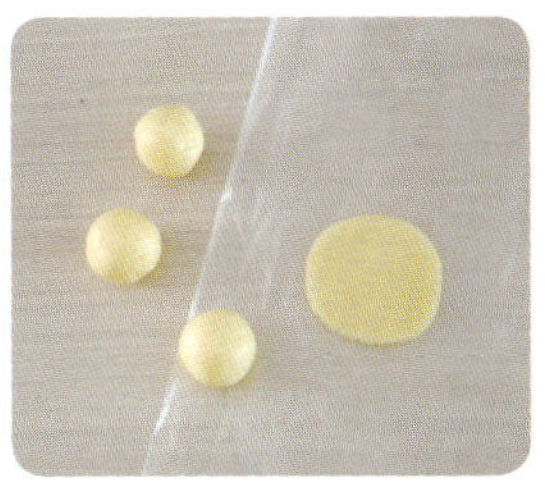

10 화이트 반죽을 약 8g씩 떼어 동그랗게 만들고 비닐 사이에 넣어 납작하게 밀어요.

11 초코 반죽을 약 10g씩 떼어 동그랗게 만들어

12 화이트 반죽 위에 올리고

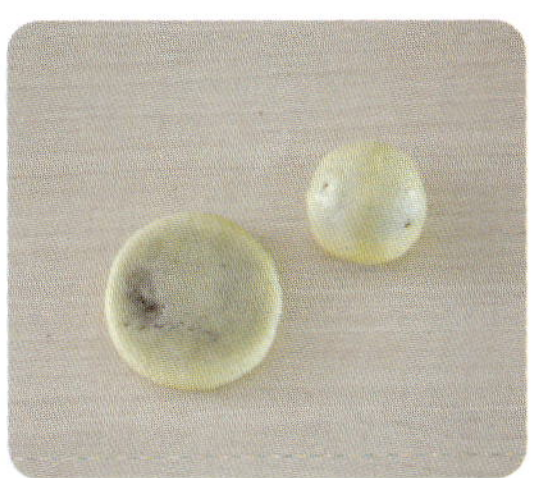

13 화이트 반죽으로 덮어 감싼 다음 밀대로 납작하게 살살 밀어요.

14 반죽을 팬에 놓고 170~175℃로 예열한 오븐에서 8~10분간 구우세요.

088

짝짝 갈라진 크랙이 매력적인

초콜릿 크랙쿠키

오랜 가뭄에 바짝 마른 논바닥처럼 짝짝 갈라진 크랙을 보는 재미를
느낄 수 있는 쿠키예요. 오늘은 어떻게 구워졌을까 하는 기대감으로
오븐에서 크랙쿠키를 꺼낼 때의 그 설렘마저
홈 베이킹의 소소한 즐거움이라 할 수 있어요.

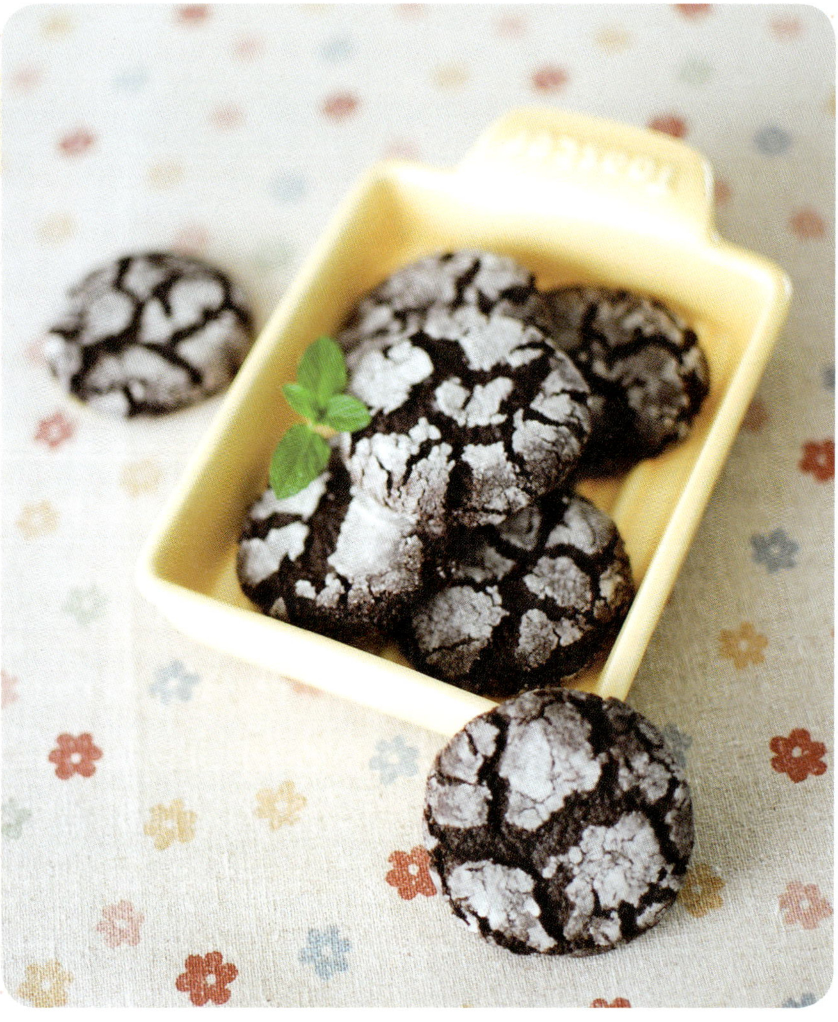

20개 분량

박력분 80g
코코아 파우더 10g
설탕 55g
소금 1g
베이킹파우더 2g
베이킹소다 2g
달걀 1/2개
버터 60g
다크 초콜릿 70g

토핑
슈거 파우더 30g

Recipe

1 버터와 초콜릿을 전자레인지에 넣거나 중탕으로 녹여요.

2 달걀에 설탕, 소금을 넣어 거품기로 가볍게 섞고

3 1의 녹인 버터와 초콜릿을 넣어 저으세요.

4 박력분, 코코아 파우더, 베이킹파우더, 베이킹소다를 함께 체 쳐서 넣고

5 뭉쳐질 정도로 가볍게 섞어요.

6 반죽을 비닐에 담아 냉장고에 1~2시간 정도 넣어 휴지시켜요.

7 반죽을 15g씩 떼어 동그랗게 만들어 슈거 파우더에 굴려서

8 팬에 놓고 윗면을 손으로 살짝 눌러요.

9 175~180℃로 예열한 오븐에서 8~10분 정도 구우세요.

089

눈처럼 사르르 녹아내리는
바닐라 머랭 쿠키

신선한 달걀흰자에 설탕을 넣어 충분히 휘핑하면
솜처럼 푹신푹신한 머랭이 만들어져요. 머랭을 짤주머니에 담아 예쁘게 짜서
오븐에 구우면 처음 먹는 순간에는 바삭바삭~
입안에 들어가서는 달콤함만 남기고 사르르 녹아버려요.

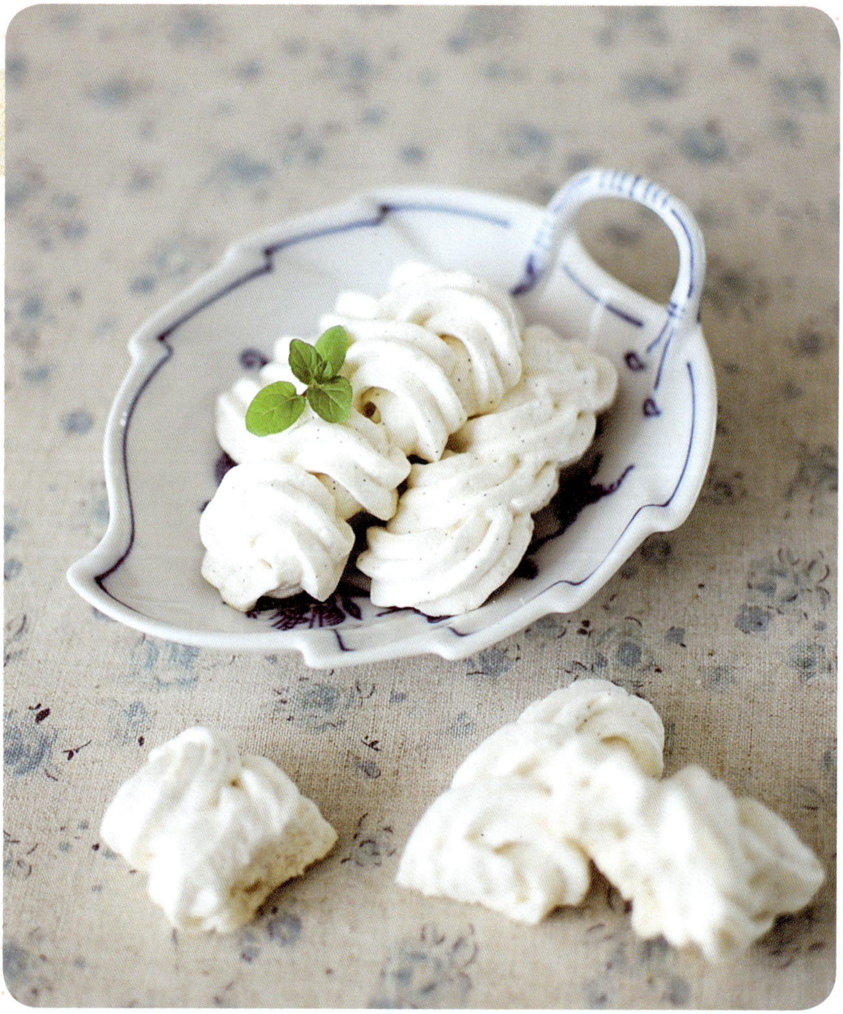

재 료

달걀흰자 2개분
설탕 100g
바닐라 빈 1/2개

입속에서 눈처럼 사르르 녹아내
리는 머랭 쿠키를 만들려면 오븐
의 온도와 굽는 과정이 중요해요.
온도가 높으면 색이 금세 진해지
고 굽는 시간이 짧으면 눅눅한
머랭이 되니 집에 있는 오븐에
맞춰 낮은 온도에서 건조시키듯
오랜 시간 굽는 인내심이 필요하
답니다.

Recipe

1 바닐라빈은 가운데를 길
게 가르고 칼끝으로 씨
를 긁어놓아요.

2 볼에 달걀흰자를 담고
핸드믹서로 거품이 일게
휘핑하세요.

3 풍성한 거품이 생기기
시작하면 1의 바닐라빈
의 씨를 넣고 설탕을 세 번
정도 나눠 넣어가며 휘핑하
세요.

4 거품기를 들어 올렸을
때 새부리처럼 살짝 구
부러지는 단단한 머랭을 만
들어요.

5 짤주머니에 별 깍지를
끼우고 머랭을 담아요.

6 짤주머니를 스프링 모양
으로 돌려가며 반죽을
짜서 100℃로 예열한 오븐에
서 1시간 30분에서 2시간 정
도 반죽을 건조시킨다는 느
낌으로 구우세요.

치 마 입 은 귀 여 운 과 자
초콜릿 마카롱

마카롱은 달걀흰자를 거품 내서 만들기 때문에 오븐에 굽는 과정에서
처음보다 많이 부풀어 올라요. 마카롱 둘레에는 프랑스어로 '발'을 뜻하는
'삐에', 즉 치마를 입은 것 같은 프릴이 붙어 있어요.
그래서 전 마카롱을 치마 입은 과자라고 불러요.

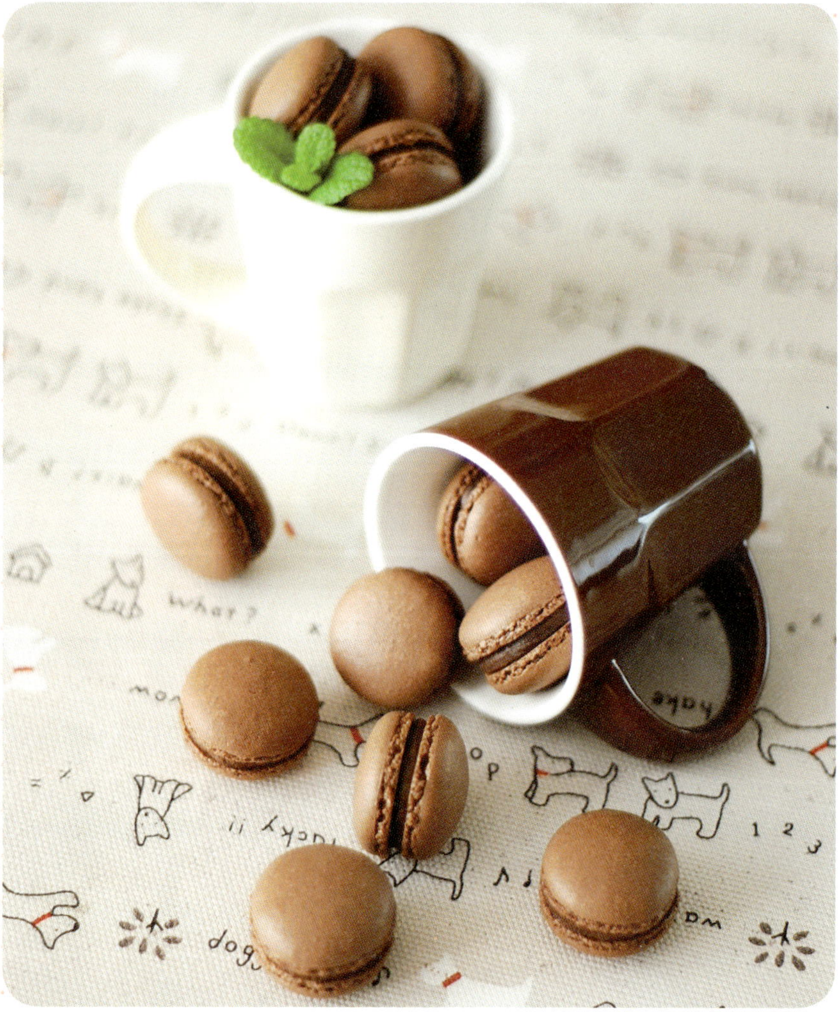

재 료

아몬드가루 70g
슈거 파우더 130g
코코아 파우더 15g
달걀흰자 70g
설탕 30g

샌드용 가나슈
다크 초콜릿 180g
생크림 100g
버터 10g
럼 5g

Recipe

1 아몬드가루, 슈거 파우더, 코코아 파우더를 푸드 프로세서에 넣어 입자가 곱게 갈아요.

2 달걀흰자에 설탕을 조금 넣고 핸드믹서로 거품을 올려요.

3 하얗고 부드러운 거품이 올라오면 나머지 설탕을 넣고 단단하고 풍성한 거품이 될 때까지 충분히 휘핑하세요.

4 아몬드가루, 슈거 파우더, 코코아 파우더는 세 번 정도 꼼꼼히 체 쳐서 넣고

5 반죽에 윤기가 살짝 돌 때까지 주걱으로 섞으세요.

6 짤주머니에 지름 0.8cm 원형 깍지를 끼우고 반죽을 담아요.

7 팬에 실리콘 페이퍼를 깔고 반죽을 지름 2.5cm 정도로 둥글게 짜요. 반죽을 실온에서 1시간 정도 건조시켜요.

8 155~160℃로 예열한 오븐에서 10~12분간 구워서 식힘망으로 옮겨 식혀요.

9 마카롱에 가나슈를 샌드해요.

091

갓 구워 따끈할 때 먹는

오트밀 크랜베리 스콘

스콘은 오븐에 구워 따끈할 때 먹으면 가장 맛있어요.
전 부드러운 버터와 딸기잼을 발라 먹는 걸 참 좋아한답니다.
오트밀과 크랜베리를 넣어 만든 오트밀 크랜베리 스콘은 플레인 스콘보다
더 고소하고 새콤달콤해서 그냥 먹어도 맛있어요.

쿠키

재 료

중력분 150g
오트밀 50g
설탕 40g
소금 1g
베이킹파우더 2g
베이킹소다 1g
찬 버터 70g
우유 70g
크랜베리 50g
럼 10g

마무리(달걀물)

달걀 10g
우유 20g

내복곰의 친절한 팁

빵과 과자를 부풀게 하는 베이킹파우더와 베이킹소다는 비슷해 보이지만, 조금 다른 역할을 해요. 베이킹파우더는 베이킹소다에 전분 등을 섞어 베이킹소다의 쌉쌀한 맛을 개선한 팽창제예요. 베이킹파우더는 위로 팽창하는 성질이 있고 소다는 옆으로 퍼지는 성질이 있지요.

Recipe

1 크랜베리와 럼을 섞어 크랜베리에 럼이 촉촉하게 스며들도록 1시간 정도 두어요.

2 볼에 중력분, 오트밀, 설탕, 소금, 베이킹파우더, 베이킹소다를 모두 담아 골고루 섞어요.

3 차가운 버터를 깍둑썰어 넣고 스크래퍼로 버터에 밀가루를 덮어가며 버터를 잘게 다지고

4 우유를 조절해가며 넣어 반죽을 가볍게 뭉치세요.

5 1의 럼에 불린 크랜베리를 섞고

6 반죽을 비닐로 싸서 냉장고에 1시간 정도 넣어 휴지시켜요.

7 반죽이 바닥에 붙지 않게 덧밀가루를 조금씩 뿌려가며 밀대로 1~1.5cm 두께로 동그랗게 밀고

8 8등분이 되게 칼이나 스크래퍼로 자르세요.

9 달걀과 우유를 섞어 만든 달걀물을 표면에 바르고 175~180℃로 예열한 오븐에서 15~18분간 구우세요.

092

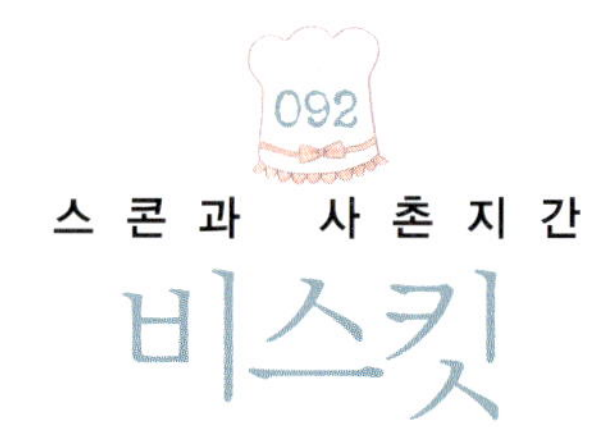

스콘과 사촌지간

비스킷

발효빵과는 달리 짧은 시간 안에 쉽게 만들 수 있는 비스킷은
담백함과 고소함이 잘 어우러진 매력적인 맛이에요.
재료가 간단하고 만드는 과정이 쉽기 때문에 베이킹 초보에게
'강추'하고 싶은 아이템이랍니다.

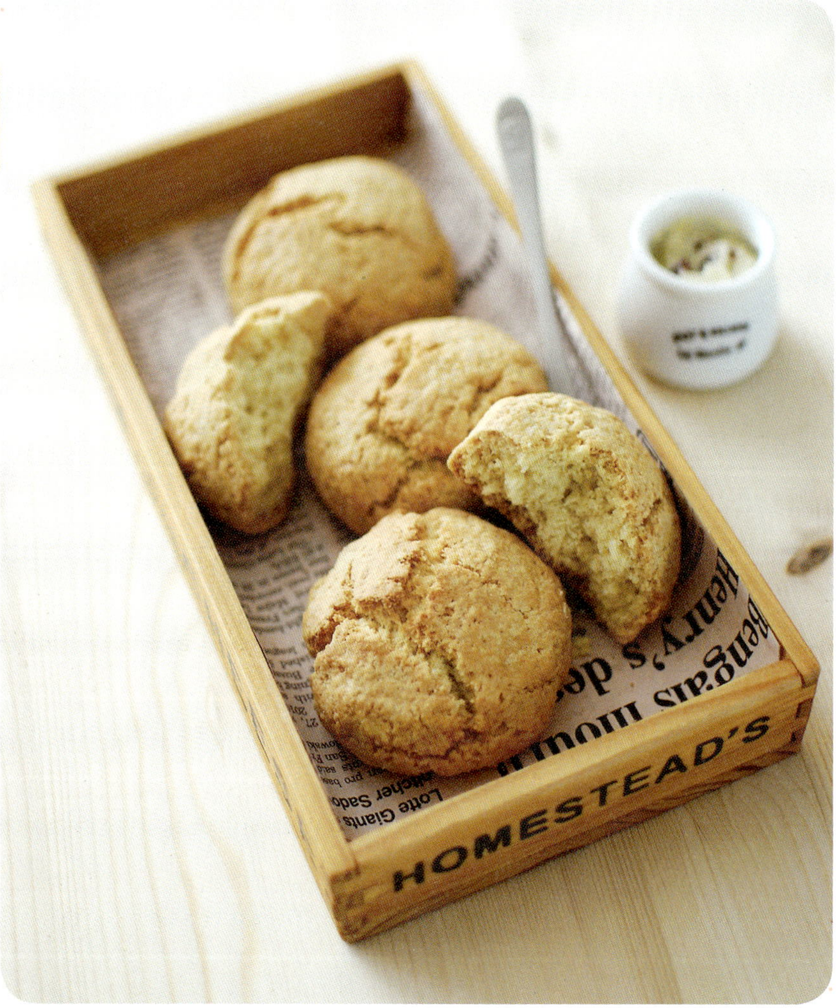

중력분 200g
설탕 30g
소금 1g
베이킹파우더 2g
베이킹소다 1g
찬 버터 60g
달걀 1/2개
우유 40~50g

Recipe

1 푸드 프로세서에 중력분, 설탕, 소금, 베이킹파우더, 베이킹소다를 넣고 재료가 섞이도록 잠시 돌려요.

2 차가운 버터를 넣고 푸드프로세서를 살짝 돌려 버터가 보슬보슬 다져지면

3 달걀과 우유를 넣고

4 푸드 프로세서를 잠시 중지하면서 살짝 돌려요.

5 반죽을 비닐로 싸서 냉장고에 1시간 정도 넣어 휴지시키고

6 6등분으로 나눠서 둥글납작하게 만들어 175~180℃로 예열한 오븐에서 15~18분간 구우세요.

푹 신 푹 신 부 드 러 운

모카크림 붓세

달걀흰자에 설탕을 넣어 풍성하게 거품을 올린 머랭에
아몬드가루 등을 넣어 굽는 붓세는 마카롱과 만드는 방법이 비슷해요.
마카롱은 반죽을 건조시켜 표면이 바삭한 반면 붓세는 폭신한 스펀지처럼 부드럽답니다.
그 부드러움에 함께 빠져보실래요?

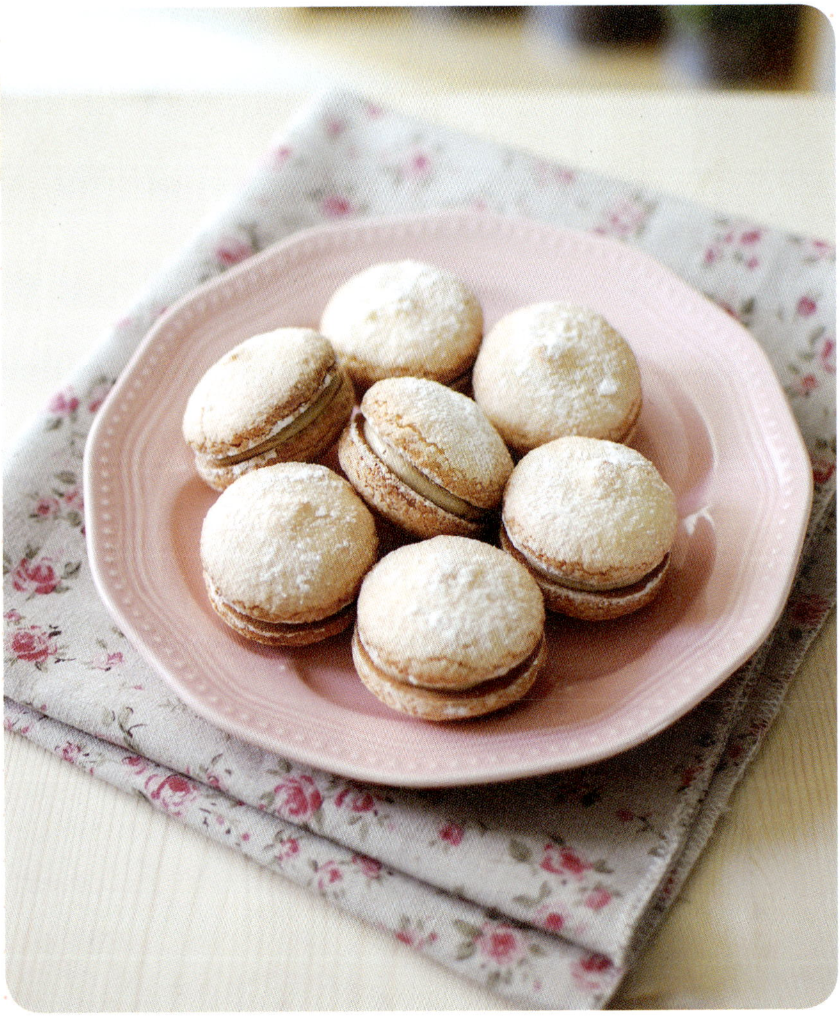

재 료

아몬드가루 50g
슈거 파우더 35g
박력분 10g
달걀흰자 70g
설탕 20g

토핑
슈거 파우더 30g

샌드용 모카크림
버터크림 100g
인스턴트커피 2g
물 8g
칼루아(커피술) 6g

R e c i p e

1 달걀흰자에 설탕을 조금 넣고 핸드믹서로 거품을 올려요.

2 하얗고 부드러운 거품이 올라오면 나머지 설탕을 넣고

3 단단하고 뿔이 뾰족하게 서는 머랭이 될 때까지 충분히 휘핑하세요.

4 아몬드가루, 슈거 파우더, 박력분을 세 번 정도 체 쳐서 넣고

5 주걱으로 가볍게 섞어

6 반죽을 완성해요.

7 짤주머니에 지름 1.2cm 원형 깍지를 끼우고 반죽을 담아요.

8 팬 위에 반죽을 지름 5~6cm 크기로 둥글게 짠 다음 슈거 파우더를 체 쳐서 표면에 듬뿍 뿌리고 175~180℃로 예열한 오븐에서 10~12분간 구우세요.

9 버터크림에 미지근한 물에 녹인 커피와 칼루아(커피술)를 섞어 모카 크림을 만들어요. 붓세에 샌드해요.

283

입안에서 부드럽게 부서지는

호두 슈거볼

호두 슈거볼은 달걀을 넣지 않고 버터로만 반죽하는 과자예요.
입안에서 부드럽게 부서지는 달콤하고 고소한 쿠키랍니다.
쿠키 표면에 슈거 파우더를 듬뿍 묻혀
스노 볼(Snow Ball)이라고도 불러요.

쿠키

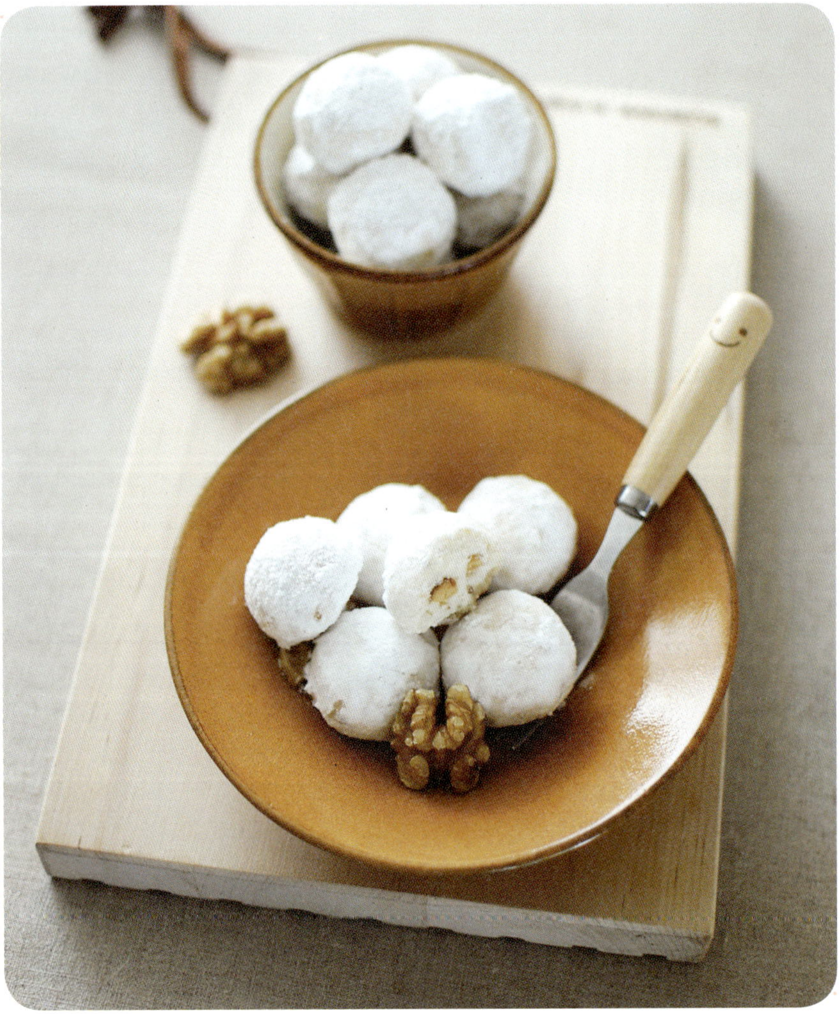

박력분 110g
아몬드가루 60g
슈거 파우더 50g
소금 0.5g
버터 80g
바닐라액 4g
호두 50g

토핑
슈거 파우더 적당량

Recipe

1 호두는 180℃로 예열한 오븐에서 5~6분간 굽거나 마른 팬에 살짝 볶아서 적당한 크기로 다져요.

2 실온에 두어 부드러워진 버터에 슈거 파우더와 소금을 넣어 부드럽게 섞고

3 향긋한 향을 더하기 위해 바닐라액을 넣어 저어요.

4 박력분과 아몬드가루를 체 쳐서 넣고 주걱으로 가볍게 섞어요.

5 반죽에 다진 호두를 넣어 살짝 섞고

6 반죽을 냉장실에 1시간 정도 넣어 휴지시켜요.

7 반죽을 약 10g씩 떼어 동그랗게 만들어 팬에 놓고 175~180℃로 예열한 오븐에서 8~10분간 구우세요.

8 볼이 구워졌으면 식혀서 슈거 파우더에 굴려 표면에 슈거 파우더를 듬뿍 묻혀요.

아몬드 튀일

튀일은 '기와'를 뜻하는 프랑스어예요. 과자의 모양이 기와를 닮아
튀일이라는 이름이 붙었대요. 얇고 바삭한 전병과도 비슷하지만
견과류가 들어가서 고소하고 오독오독 씹히는 맛이 일품이에요.
아몬드뿐 아니라 검은깨, 코코넛, 마카다미아 너트 등 다양한 재료로 만들 수도 있답니다.

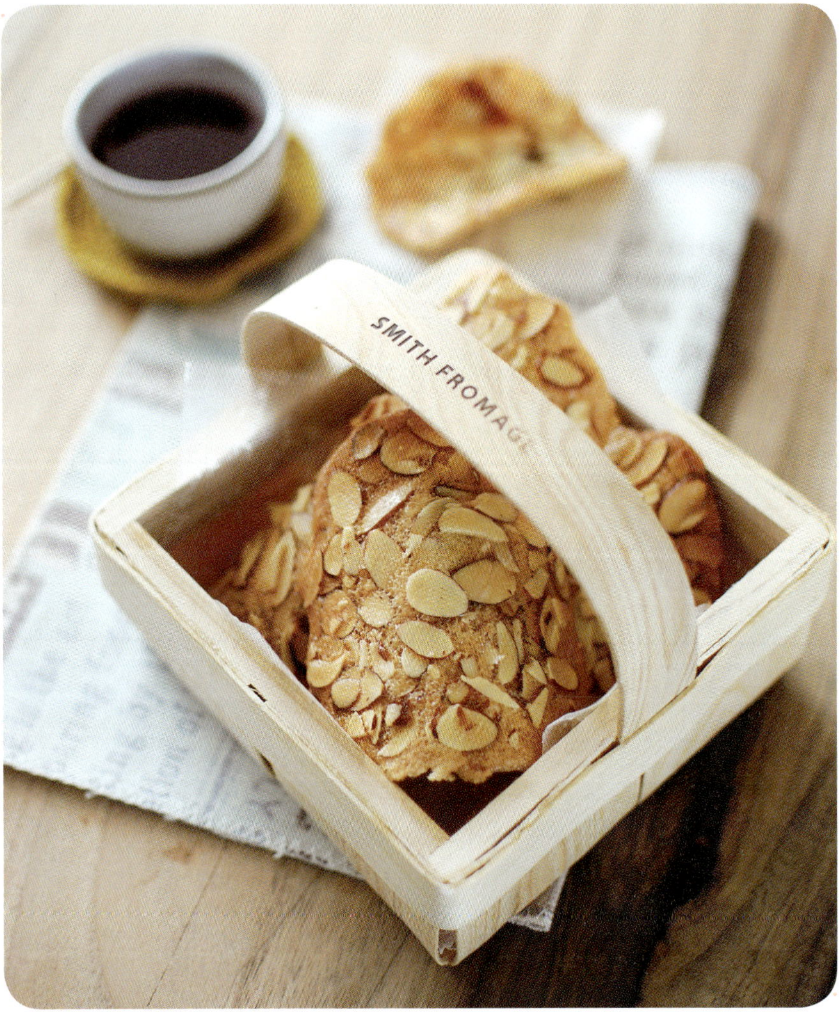

쿠
키

재 료 15개 분량

달걀흰자 2개분
설탕 70g
박력분 10g
녹인 버터 25g
슬라이스 아몬드 80g

Recipe

1 슬라이스 아몬드를 준비해요.

2 달걀흰자에 설탕을 넣어 가볍게 풀고

3 박력분을 넣어 거품기로 살짝 섞어요.

4 1의 슬라이스 아몬드를 넣어 깨지지 않게 살살 섞고

5 녹인 버터를 넣어 섞어요.

6 반죽을 냉장고에 1시간 정도 넣어 휴지시켜요.

7 팬에 실리콘 페이퍼를 깔고 반죽을 숟가락으로 떠 놓고

8 포크나 스푼으로 얇고 동그랗게 펴요.

9 160~165℃로 예열한 오븐에서 10~12분간 굽고 뜨거울 때 바게트틀이나 밀대에 놓고 모양을 잡아요.

알 맹 이 만 있 는 특 별 한 타 르 트

너트 타르트

타르트는 밀가루와 버터에 물을 넣어 반죽한 타르트지를 바닥에 깔고
아몬드 크림이나 크림치즈 등의 토핑을 채워 구워요. 하지만 너트 타르트는 타르트지 없이
전체를 아몬드 크림으로만 채워 구운 껍질은 없고 알맹이만 있는 특별한 타르트에요.
작은 크기의 타르트를 만들 때는 이런 방법으로 만들면 편하답니다.

쿠
키

재 료

박력분 20g
아몬드가루 70g
슈거 파우더 60g
소금 0.5g
달걀 1개
버터 60g
바닐라액(또는 럼) 4g

토핑

견과류(피칸, 아몬드, 캐슈너
트, 피스타치오, 마카다미아)
50g

틀 코팅용

버터 · 밀가루 적당량씩

마무리

미로와(또는 살구잼) 적당량

Recipe

1 견과류를 색이 나지 않게 살짝 구워 토핑으로 준비해요.

2 버터에 슈거 파우더와 소금을 넣어 거품기로 가볍게 섞고

3 달걀을 두세 번에 나눠 넣어 부드러운 크림 상태가 되도록 저어요.

4 달걀 비린내가 나지 않게 바닐라액 또는 럼을 섞고

5 박력분과 아몬드가루를 체 쳐서 넣어 가볍게 섞어요.

6 반죽을 원형 깍지를 끼운 짤주머니에 담아요.

7 타르트틀에 버터를 충분히 바르고 덧밀가루를 뿌려 털어낸 다음 반죽을 70~80% 정도 담고

8 1의 견과류를 보기 좋게 반죽 위에 올려 160~165℃로 예열한 오븐에서 약 20분간 구우세요.

9 표면이 마르지 않게 미로와나 살구잼에 따뜻한 물을 조금 섞어 발라요.

홍 콩 에 서 유 명 한 바 로 그 맛

에그 타르트

홍콩으로 여행 가면 너무도 유명한 에그 타르트를 한 번쯤 맛보게 되죠.
그 유명세에 우리나라에서도 에그 타르트를 파는 곳이 정말 많아졌어요.
부드럽고 달콤한 달걀 필링이 압권인 에그 타르트.
이제 집에서 만들어볼까요?

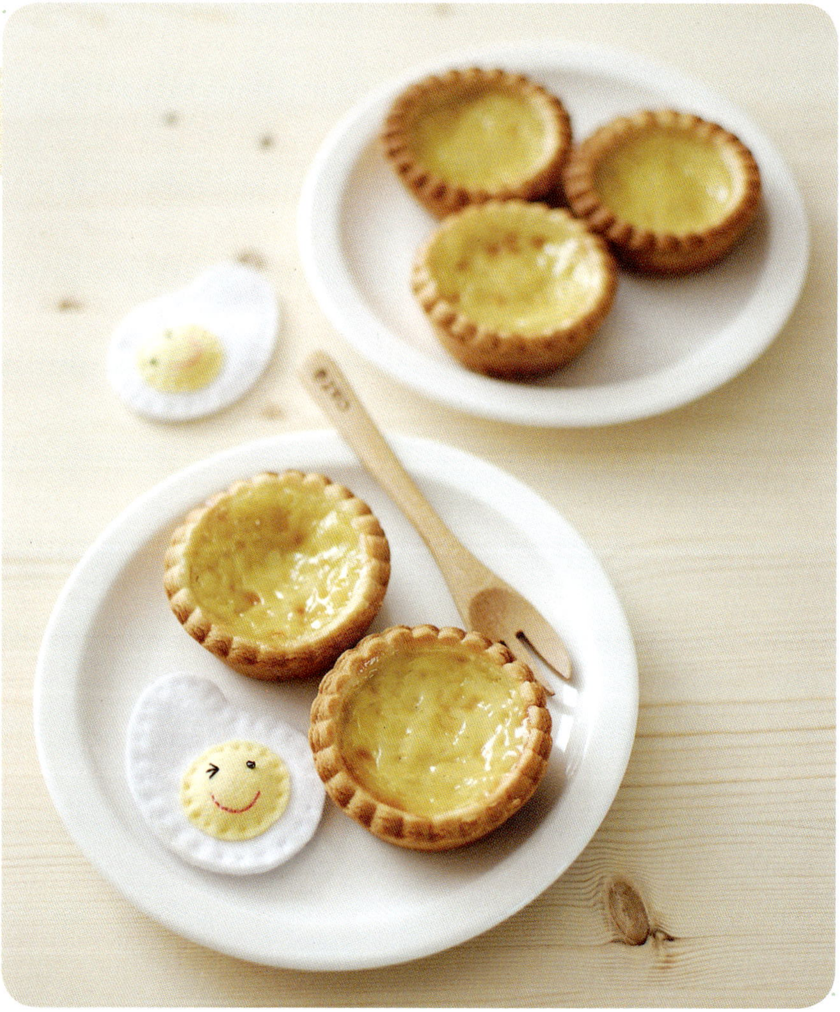

재료

타르트지

중력분 160g
버터 80g
슈거 파우더 30g
소금 0.5g
달걀 1/2개

필링

달걀노른자 2개
설탕 50g
소금 0.5g
생크림 50g
물 80g
바닐라액(또는 럼) 8g

내복곰의 친절한 팁

파이나 타르트를 구울 때, 파이지나 타르트지를 미리 굽는 경우도 있고 필링과 함께 굽기도 해요. 반죽에 콩이나 누름돌을 올려 파이나 타르트지를 미리 구우면 굽는 도중 바닥이 부풀어 오르지 않아서 필링이 넘칠 염려가 없지만 살짝 번거롭기도 해요. 반죽을 따로 굽지 않고 만드는 경우에는 반죽이 부풀어 오르지 않게 포크로 구멍을 잘 내고 밑불이 있는 오븐을 사용하면 좋답니다

1 푸드 프로세서에 중력분, 슈거 파우더, 소금을 넣고 살짝 돌려 재료를 골고루 섞어요.

2 차가운 버터를 잘라 넣고 중력분과 버터가 소보로 상태로 섞이게 푸드 프로세서를 잠시 돌리고

3 달걀을 풀어서 반을 넣고

4 푸드 프로세서를 끊어가며 살짝 돌려 반죽을 완성해요.

5 반죽을 한 덩어리로 뭉쳐 비닐로 싸서 냉장고에 1시간 정도 넣어 휴지시켜요.

6 냄비에 설탕, 소금, 물을 넣고 불에 올려 설탕이 녹을 정도로만 데워요.

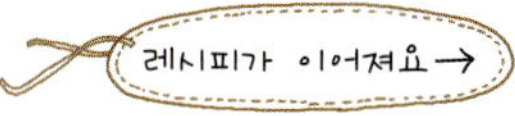

7 달걀노른자와 생크림을 섞고 6의 설탕물을 식혀서 넣어 골고루 섞어요.

8 달걀 비린내가 나지 않게 바닐라액 또는 럼을 섞어 필링을 완성해요.

9 냉장고에 넣어둔 5의 반죽을 비닐 사이에 넣어 밀대로 0.3~0.5cm 두께로 밀고

  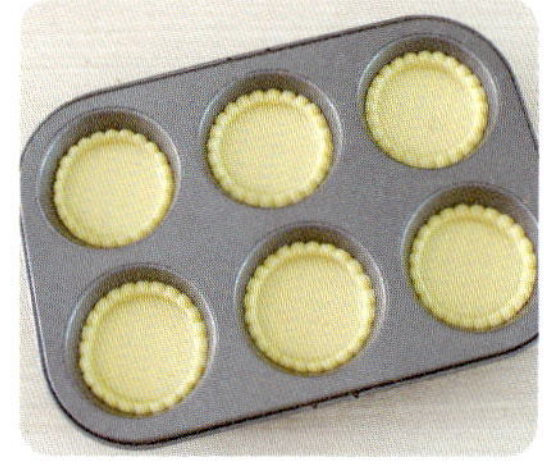

10 지름 8~9cm 크기의 주름 커터로 반죽을 찍어요.

11 틀에 반죽을 놓고 반죽이 틀에 밀착되게 손으로 눌러 모양을 잡고, 반죽이 부풀어 오르지 않게 타르트 바닥을 포크로 찍어구멍을 내요.

12 8의 필링을 80~90% 정도 채우고 180~185℃로 예열한 오븐에서 20~25분간 구우세요.

098

악어 등처럼 생겼네!

앨리게이트 파이

피칸과 호두를 얹어 구운 모습이 마치 악어 등처럼 생겨서
앨리게이트 파이라는 이름이 붙었어요. 홍차 향이 나는 달콤한 시럽이
겹겹이 배어 있는 고소하고 맛있는 파이지만 만드는 데는
많은 정성과 노력이 필요한 까다로운 파이랍니다.

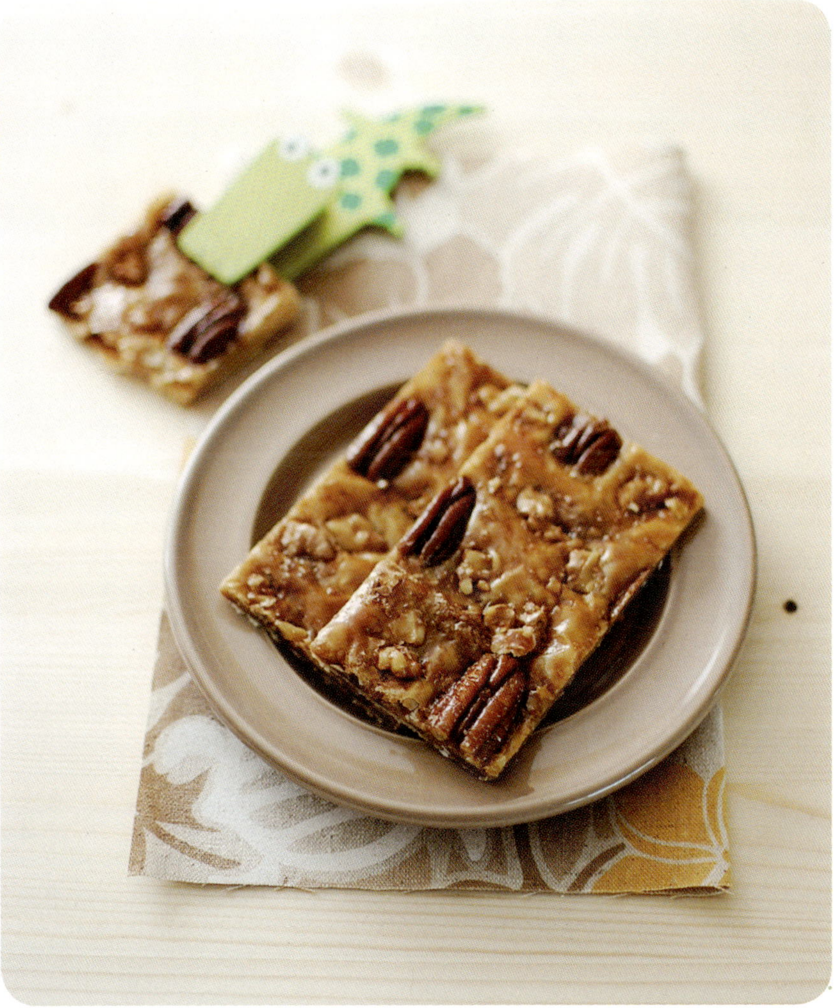

재 료

박력분 130g
소금 1g
물 35~40g
버터 70g

충전물
박력분 10g
흑설탕 30g
황설탕 20g
버터 50g

홍차 시럽
물 60g
설탕 35g
홍차 티백 2개

토핑
피칸 30g
호두 20g
달걀노른자 약간

Recipe

1 냄비에 물, 설탕, 홍차 티백을 넣고 불에 올려 시럽이 바글바글 끓으면 불에서 내려 식혀요. 홍차 티백을 꺼내 시럽을 완성해요.

2 실온에 둔 부드러운 버터에 흑설탕, 황설탕을 섞은 다음 박력분을 넣고 가볍게 저어 충전물을 만들어요.

3 볼에 박력분, 소금을 넣어 골고루 섞고 차가운 버터를 잘라 넣어요.

4 끝이 둥근 스크래퍼로 버터에 밀가루를 섞어가며 버터를 잘게 다지고

5 찬물을 넣어 가볍게 뭉쳐요.

6 평평하게 정리한 반죽을 비닐에 싸서 냉장고에 1시간 정도 넣어 휴지시켜요.

7 반죽이 붙지 않게 덧밀가루를 뿌려가며 반죽을 직사각형 모양으로 밀어 펼치고

8 여분의 밀가루를 붓으로 깨끗이 털어내고 반죽의 양끝을 접어 세 겹으로 만들어요.

9 세 겹이 된 반죽을 비닐에 싸서 냉장고에 넣어 30분 정도 휴지시켜요. 7~8의 과정을 두 번 더 반복해요.

10 밀고, 접고, 휴지시키는 과정을 총 세 번 반복한 반죽을 직사각형 모양으로 밀고

11 반죽의 가장자리를 1cm 정도 남기고 **2**의 충전물을 골고루 펴 발라요.

12 반죽의 양끝을 접어 세 겹으로 만들고

13 반죽을 밀대로 0.2~0.3cm 두께로 얇게 밀고 반죽이 찢어지지 않게 밀대로 돌돌 말아서

14 조심스럽게 팬에 옮기고 포크로 구멍을 낸 다음 표면에 달걀노른자를 골고루 발라요.

15 피칸과 적당히 자른 호두를 보기 좋게 반죽 위에 올려요.

16 180℃로 예열한 오븐에서 10분간 구운 다음 오븐에서 꺼내 **1**의 홍차 시럽을 바르고 온도를 150~160℃로 내려요.

099

느 끼 함 은 줄 이 고 상 큼 함 은 더 한
딸기 페이스트리

페이스트리는 과일과 함께 먹으면 느끼한 맛이 줄고 상큼함이 더해져
더욱 맛있어요. 페이스트리나 케이크 등에 올리는 과일은 시간이 지나면
표면이 마를 수 있으니 미로와나 살구잼에 따뜻한 물을 조금 섞어 발라주세요.
자르르 윤기가 돌아 더 맛있어 보인답니다.

재 료

강력분 120g
박력분 30g
설탕 20g
소금 3g
인스턴트이스트 3g
달걀 1/2개
우유 30~40g
물 30g
버터 20g

충전물
버터 70g

시럽
물 40g
설탕 25g

토핑과 마무리
커스터드 크림 150g
달걀물(달걀 10g, 우유 20g)·
딸기·미로와 적당량씩

R e c i p e

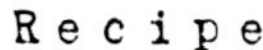

1 완성된 페이스트리 반죽을 준비해서 덧밀가루를 뿌려가며 밀대로 0.4~0.5cm 두께로 밀어요.

2 칼과 자를 이용해 반죽을 3.5×10cm 크기의 직사각형으로 자르고

3 팬에 놓고 여분의 밀가루를 털어내요.

4 반죽에 비닐을 덮어 40~50분간 발효를 시켜요.

5 반죽 가운데 부분을 손가락으로 누르고 달걀물을 바른 다음

6 커스터드 크림을 짤주머니에 담아 길게 짜고 190~195℃로 예열한 오븐에서 10~12분간 구우세요.

7 냄비에 물과 설탕을 넣고 끓여서 표면에 바를 시럽을 만들어요.

8 페이스트리 표면에 윤기가 흐르게 시럽을 바르고

9 커스터드 크림을 토핑으로 짜고 딸기를 올려 장식한 다음 딸기가 마르지 않게 미로와를 바르세요.

100

예쁘고 맛있는 디저트

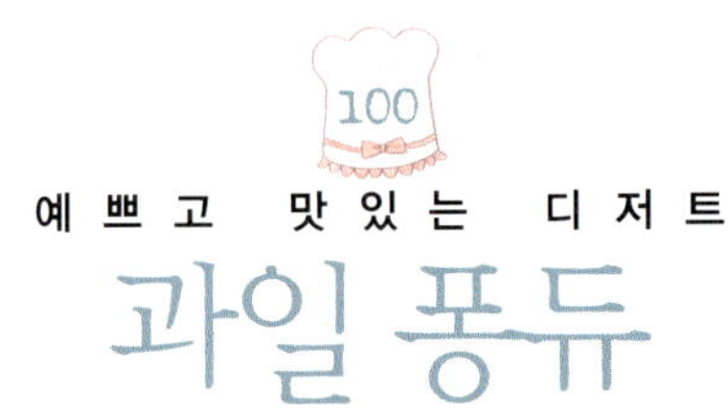

과일 퐁듀

투명한 용기에 부드러운 크림치즈 무스를 채우고
태양의 에너지를 가득 머금은 과일과 달콤한 과일 필링을 넣어 만든 디저트에요.
카페나 베이커리에서 볼 수 있는 예쁘고 맛있는 디저트를 집에서도 즐겨보세요.

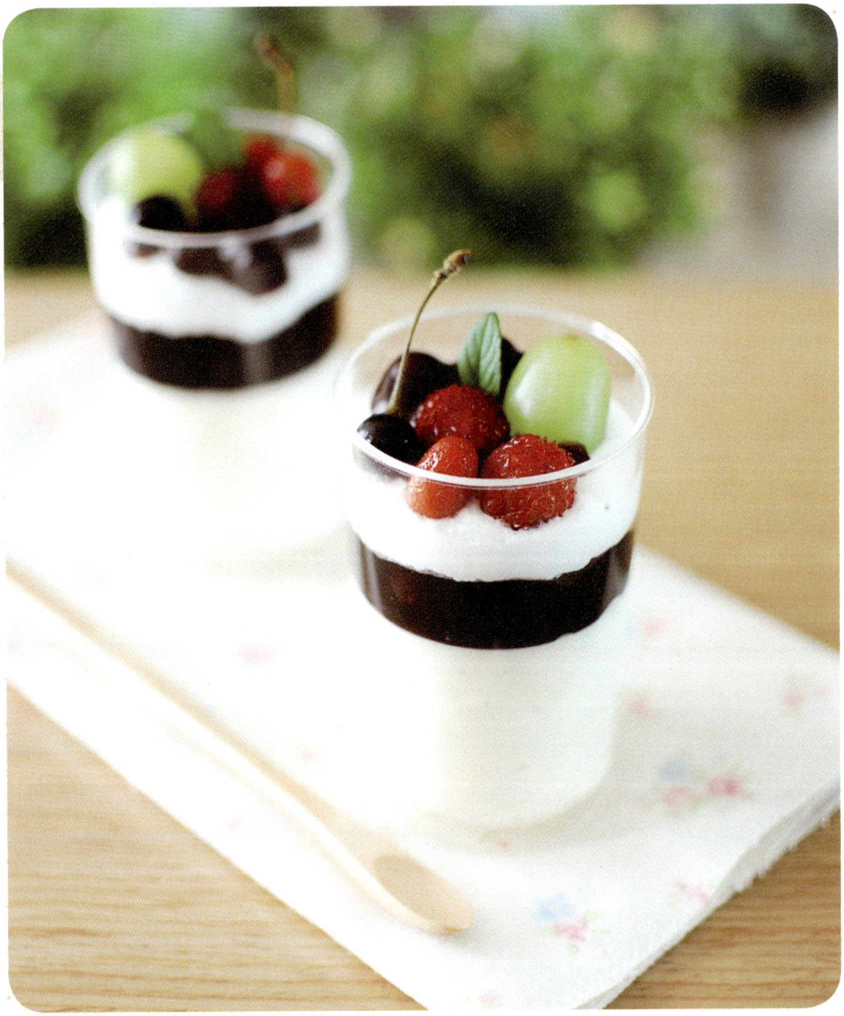

재 료 5.5×8cm 용기 5개 분량

- 크림치즈 100g
- 설탕 40g
- 우유 40g
- 생크림 80g
- 플레인 요구르트 50g
- 젤라틴 2g
- 바닐라액 6g

토핑과 마무리

- 생크림 60g
- 설탕 6g
- 럼 3g
- 블루베리 필링 200g
- 과일 적당량

Recipe

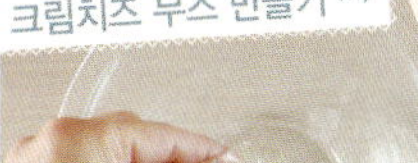

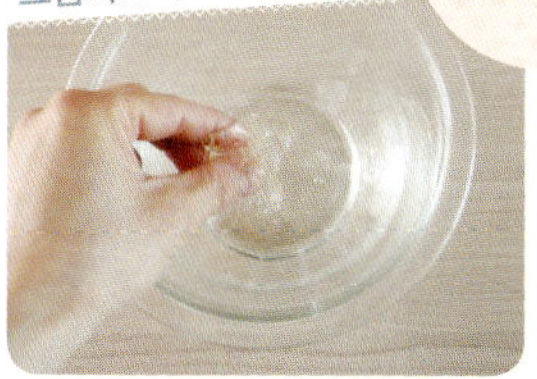

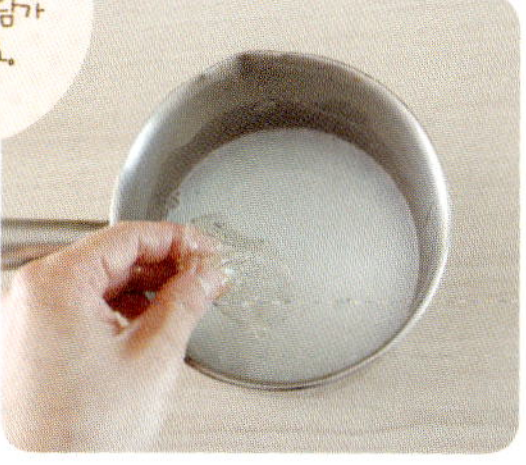

1 젤라틴을 찬물에 담가 10분간 불려서 물기를 짜요.

여름에는 얼음물에 담가 불리세요.

2 냄비에 우유와 설탕을 넣어 70~80℃ 정도로 뜨겁게 데우고 젤라틴을 넣어 골고루 섞어요.

3 실온에 둔 크림치즈를 덩어리 없이 부드럽게 풀고 요구르트를 넣어 섞어요.

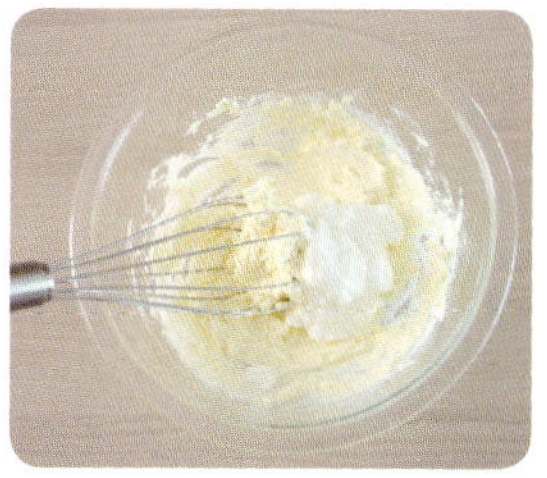

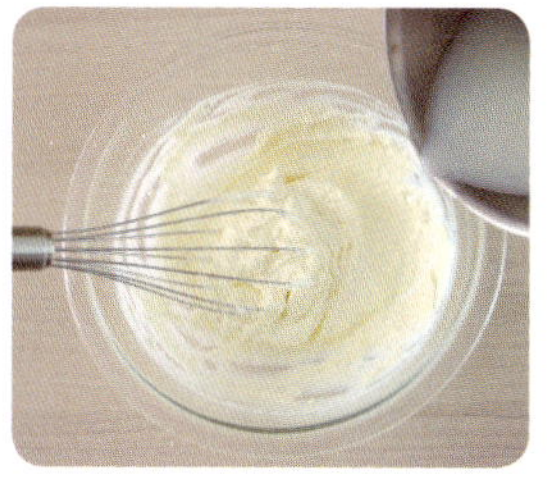

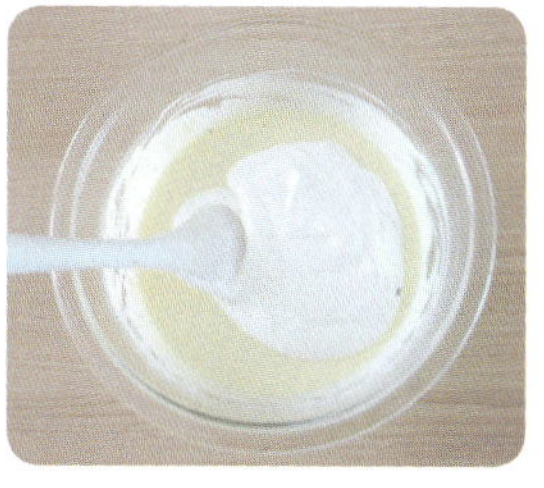

4 2의 우유 혼합물을 미지근하게 식힌 다음, 3의 크림치즈에 조금씩 부어가며 부드럽게 섞으세요.

5 생크림은 살짝 되직한 60~70% 정도로 휘핑해서 넣어 주걱으로 골고루 섞고

6 바닐라액을 넣어 크림치즈 무스를 완성해요.

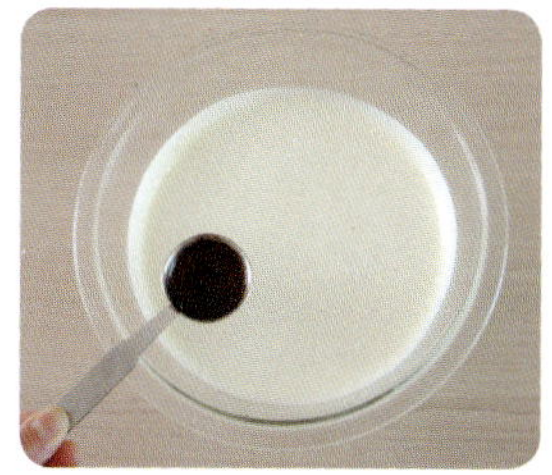

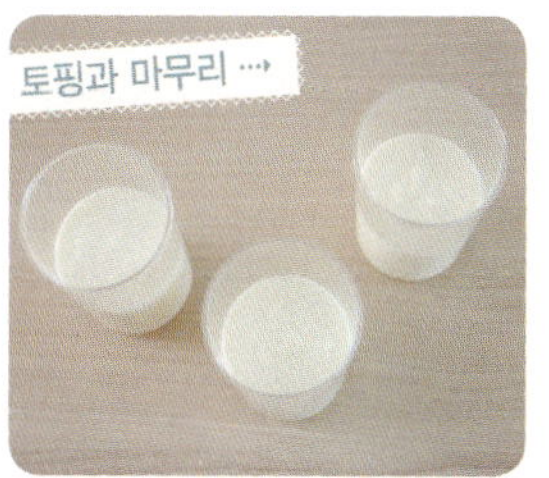

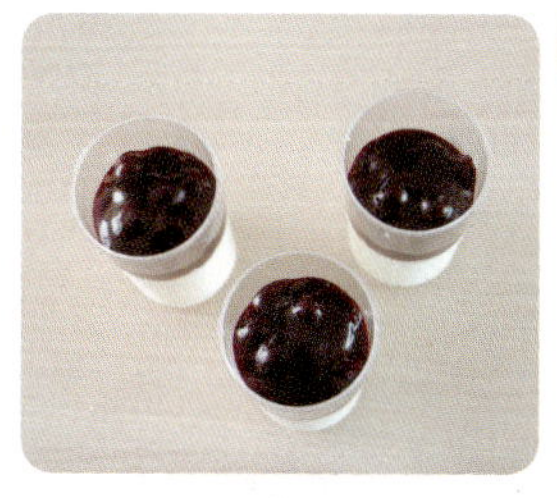

7 디저트 용기에 무스를 60g 정도 담아 냉동실에 1시간 동안 넣어 굳히고

8 블루베리 필링을 나눠 담아요.

생크림 휘핑하기는 27쪽을 참고하세요.

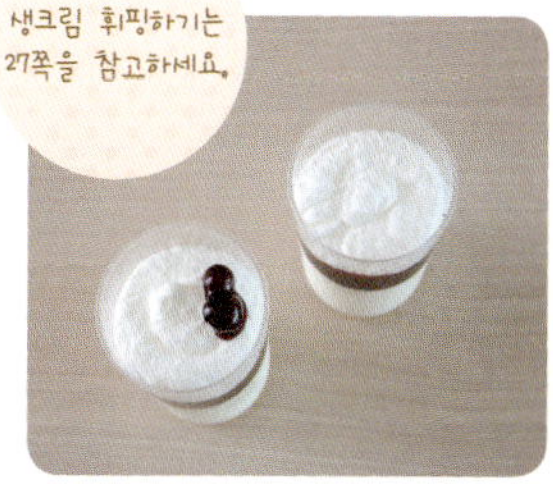

9 생크림에 설탕과 럼을 넣어 휘핑해서 블루베리 필링 위에 올리고 과일로 예쁘게 장식하세요.

101

진한 초콜릿이 주르륵~
퐁당 쇼콜라

홍대 앞 카페에서 맛볼 수 있는 퐁당 쇼콜라. 많은 사람들에게
사랑받는 디저트 중 하나이죠. 퐁당 쇼콜라는 컵에 구운 뜨거운 초콜릿 케이크예요.
한 스푼 뜨면 진한 갈색의 초콜릿이 주르륵 흘러내리는 것이 특징이죠.
맛 또한 눈이 뱅뱅 돌 만큼 환상적이랍니다.

디저트

재 료

다크 초콜릿 100g
버터 60g
설탕 35g
달걀 2개
럼 10g

Recipe

1 초콜릿과 버터를 전자레
인지에 넣어 녹여요.

2 볼에 달걀을 풀고 설탕
을 넣어 거품이 풍성해
질 때까지 핸드믹서로 3~4
분간 충분히 휘핑하세요.

3 녹인 초콜릿과 버터를
넣고 가볍게 섞으세요.

4 럼을 넣고

5 주걱으로 매끄럽게 섞으
세요.

6 오븐 사용이 가능한 컵
에 반죽을 70% 정도 채
우고 175~180℃로 예열한
오븐에서 10분간 구워요.

102

차갑게 즐겨요~

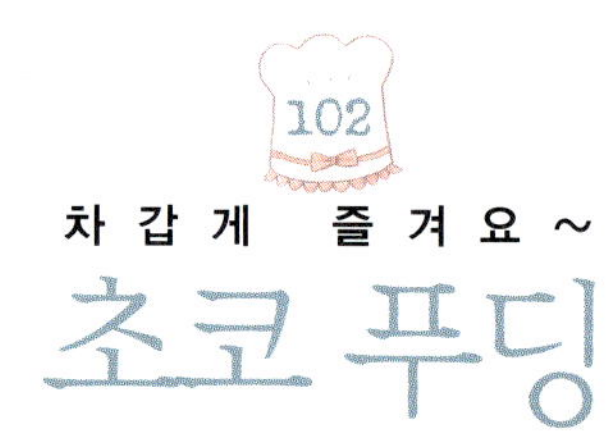

초코 푸딩

푸딩은 재료를 끓이지 않은 상태에서 젤라틴을 넣어 굳혀서 만들 수도 있고
천연 유화제인 달걀노른자를 넣어 중탕으로 익혀서 만들기도 해요.
어떤 방법으로 만들든 푸딩은 냉장고에 넣어 차게 먹는 게 가장 맛있어요!

디저트

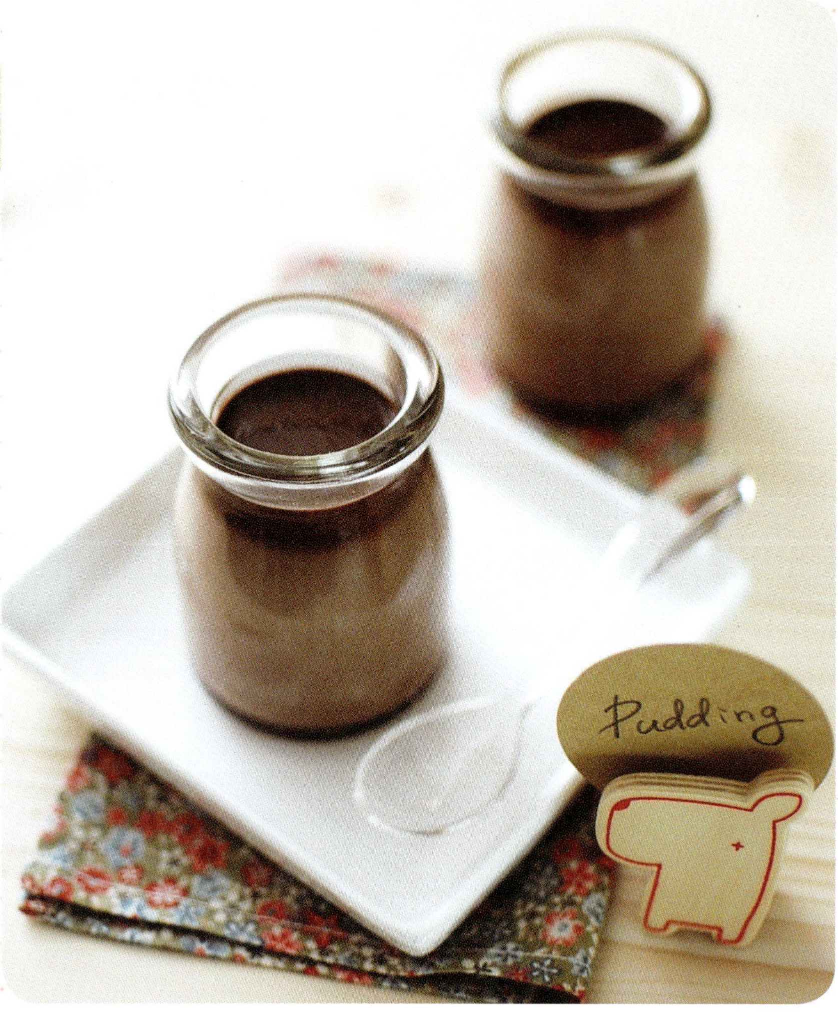

재료

생크림 100g
우유 120g
달걀노른자 2개
슈거 파우더 20g
다크 초콜릿 70~80g
바닐라빈 1/2개
바닐라액 6g

초코 크림

생크림 40g
다크 초콜릿 20g

Recipe

1 냄비에 생크림, 우유를 담고 바닐라빈을 넣어 80~90℃ 정도로 뜨겁게 데우고

2 바닐라빈은 가운데 씨를 긁어 껍질만 빼내 초콜릿을 넣어요.

3 초콜릿을 넣고 냄비를 2~3분 정도 그대로 두었다가 주걱으로 천천히 저어가며 섞어요.

4 달걀노른자에 슈거 파우더를 넣어 거품기로 잘 풀고

5 3의 초콜릿 혼합물을 조금씩 부어가며

6 거품기로 매끄러운 상태가 되도록 잘 섞어요.

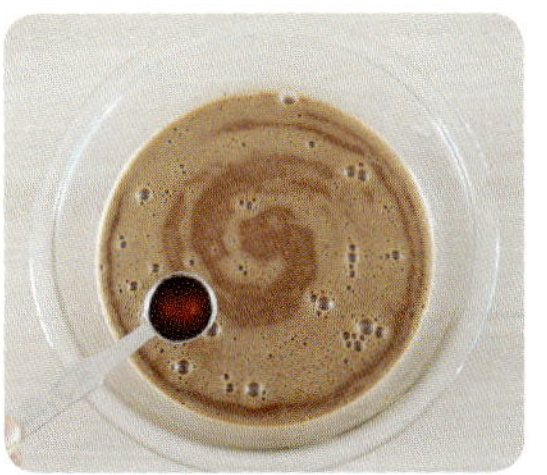

7 달걀 비린내가 나지 않게 바닐라액을 섞어 푸딩 반죽을 완성하고

8 푸딩병에 반죽을 채워요. 푸딩병을 높이가 있는 팬에 담고 병이 1/3쯤 잠기도록 뜨거운 물을 부어 160℃로 예열한 오븐에서 30~40분간 중탕으로 익혀요.

9 뜨겁게 데운 생크림에 초콜릿을 넣고 천천히 저어가며 초코 크림을 만들어요. 8의 초코 푸딩이 식으면 초코 크림을 조금씩 담으세요.

103

내 가 만 든 베 이 커 리 인 기 디 저 트

산딸기 바닐라 푸딩

베이커리에서 디저트로 한창 인기몰이 중인 병에 담은 타입의 푸딩이에요.
캐러멜 시럽을 넣어 만든 바닐라 푸딩과 핑크빛 산딸기 푸딩을
반씩 담아 맛도 색감도 '더블 업'이랍니다. 이렇게 예쁜 푸딩을
직접 만들면 참 뿌듯하겠죠?

디
저
트

재 료

바닐라 푸딩

생크림 100g
우유 150g
달걀노른자 2개
설탕 40g
젤라틴 3g
바닐라액(또는 럼) 6g

캐러멜 시럽

설탕 50g
물 40g

산딸기 푸딩

산딸기 퓌레 90g
생크림 120g
설탕 35g
젤라틴 3g
딸기술(또는 럼) 6g

산딸기 시럽

산딸기 퓌레 30g
물엿 20g
설탕 10g

Recipe

1 냄비에 설탕과 물을 넣고 캐러멜색이 날 때까지 젓지 말고 그대로 끓여 캐러멜 시럽을 만들어요.

2 끓는 물에 열탕 소독한 유리병에 캐러멜 시럽을 조금씩 부어요.

3 찬물에 젤라틴을 넣어 10분 정도 불려서 건져요.

4 냄비에 우유와 생크림을 넣어 70~80℃ 정도로 뜨겁게 데워요.

5 달걀노른자에 설탕을 넣어 거품기로 가볍게 섞은 다음

6 데운 우유와 생크림의 일부를 조금씩 부어가며 섞어요.

7 6과 남겨둔 우유와 생크림 혼합물을 모두 섞어 불에 올린 다음

8 바닥이 눋지 않게 저어가며 70~80℃ 정도로만 끓이고

9 물에 불린 젤라틴을 넣어 주걱으로 저어가며 녹이세요.

10 미지근하게 식으면 바닐라액을 넣어 바닐라 푸딩을 완성해서

11 캐러멜 시럽을 부었던 병에 바닐라 푸딩을 반쯤 부어 냉동실에 1시간 정도 넣어두세요.

12 냄비에 산딸기 퓌레, 생크림, 설탕을 넣어 끓이지 말고 뜨겁게 데워요.

13 물에 불린 젤라틴을 넣어 녹인 다음 식으면 딸기술을 넣어 산딸기 푸딩을 완성해요.

14 냉동실에서 꺼낸 푸딩 병에 산딸기 푸딩을 부어요.

15 냄비에 산딸기 퓌레, 물엿, 설탕을 넣고 끓여 산딸기 시럽을 만들어요.

16 산딸기 시럽을 식혀서 푸딩에 붓고 냉동실에서 1~2시간 정도 넣어 굳힌 다음, 먹기 직전까지 냉장실에서 보관해요.

내복곰의
베이커리
인터뷰
Bakery Interview

내복곰이 다녀온 특색 있는 베이커리 몇 곳을 소개하려
해요. 빵을 좋아하는 사람들은 거리를 지나가다가도 빵
굽는 냄새에 자석처럼 이끌려 베이커리에 들르게 돼요.
넉넉한 농부의 마음을 닮은 캄파뉴, 영화 '악마는 프라
다를 입는다'의 편집장 이미지를 연상시키는 세련된
쇼트케이크, 볼이 붉게 물든 수줍은 소녀를 떠오르게
하는 마카롱 등 다양한 빵을 만나고 즐기는 재미, 빵을
좋아하는 분들이라면 놓칠 수 없죠.

식사용 빵이 다양한
독일풍 베이커리

악소

Add. 서울시 용산구 한남동 72-1
금호 리첸시아 빌딩 1층
Tel. 02 794 1142
AM 8:00~PM 8:00, 토요일 PM
3:30까지, 일요일 휴무

Ach so!

Bäckerei
&
Konditorei

독일
베이커리
전문점

Ach so
.....den mag ich!

Wir sind
für Sie da.

Neueröffnung!

요즘은 오랜 시간 발효시켜 만든 식사용 빵을 찾기가 힘들어요.
소박하고 담백한 맛이지만 밥 대신 먹어도 되는 그런 빵들을 파는 베이커리가 많아졌으면 좋겠어요.
한남동에 위치한 아담한 베이커리 악소(Ach so! 독일어로 "아, 그렇구나"라는 뜻이래요)는
여러 가지 식사용 빵을 만날 수 있는 곳이에요. 악소의 빵은 유지와 설탕이 들어 있지 않은,
그야말로 주식이 되는 빵이에요. 유난히 외국인 손님들의 왕래가 잦은 곳인데,
그 이유는 한남동이란 지역적 특성 때문이기도 하지만 자신의 나라에서 먹던 바로 그 빵을
구입할 수 있기 때문이기도 해요. 외국인 손님들은 식사용으로 구입하는 거라 한꺼번에
박스째 사간다고 하네요. 그래서 오후엔 빵이 거의 떨어지고 없어요.

곳곳에 독일풍 소품과 액자를 볼 수 있어요.

독일인이 즐겨 먹는 대표적인 빵인 브뢰트헨과 브뢰트헨에 비해 길고 큰 빵인 브로트를 주로 판매하고 있어요. 반죽을 좌우로 꼬아 만든 재밌는 모양의 브레첼도 구입할 수 있는데 설탕이 들어간 미국식 프레첼과 달리 겉은 바삭, 안은 쫄깃하고 담백한 것이 특징이죠. 버터를 살짝 곁들여 먹으면 더 맛있답니다.

빵 종류는 10∼15가지 정도예요.

호박씨와 해바라기씨, 검은깨가 붙은 잡곡 브뢰트헨도 있어요. 고소한 향이 솔솔 풍기는 것 같지 않나요?

이 빵은 마치 스펀지처럼 보였어요. 콕∼ 눌러보고 싶은 충동을 참느라 힘들었지요.

시오코나

Add. 경기도 용인시 기흥구 보정
동 1208-3 야후빌딩 101호
Tel. 031 889 3326
AM 8:00~PM 10:00

빵을 만들기 위한 가장 기본적인 재료인 '소금과 밀가루'를 뜻하는 일본어 시오코나.
이름에서부터 빵을 만드는 기본에 충실하겠다는 의지를 엿볼 수 있는 베이커리예요.
시오코나의 한쪽 벽면은 학창 시절을 떠올리게 하는 친숙한 느낌의 칠판으로 되어 있는데
그곳에는 시오코나가 어떤 빵집인지, 어떤 빵을 만드는지, 빵에 대한 셰프의 철학이 무엇인지 적혀 있어요.
이미 주변에서는 명소가 된 시오코나는 작고 아담하지만 깔끔하고 세련된 인테리어와
예쁜 디자인의 빵과 케이크로 가득해요. 하나하나 정성이 들어간 깜찍한 포장을 보면
감탄사가 절로 나올 정도예요. 스승의날을 비롯한 각종 기념일에 유난히 붐비는 것도
정성 가득한 선물을 어떤 곳에서보다 쉽게 고를 수 있기 때문이지요.

시오코나 입구의 하늘색 문은 언제 봐도 너무 예뻐요.

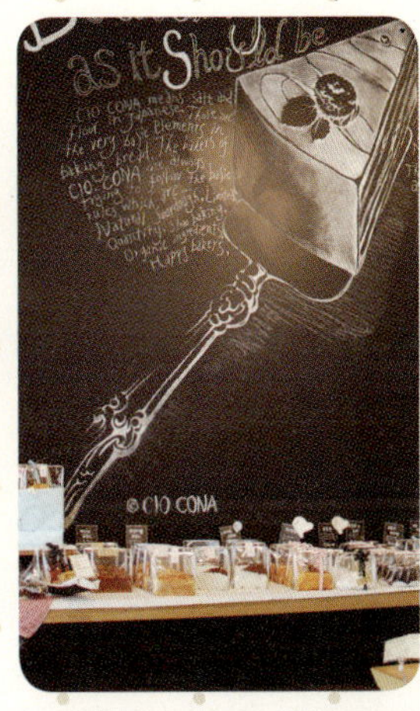

시오코나에 갈 때마다 보는 문구인데 읽을 때마다 기분이 좋아져요. 모든 먹을거리가 이렇게 만들어진다면 아픈 사람도, 화내는 사람도 줄어들 거 같다는 생각이 들어요.

세련되고 예쁜 케이크가 많아요. 선물하기 좋게 포장된 것이 대부분이죠.

먹기 아까운
디저트가 가득한

르 쁘띠푸

Add. 서울시 마포구 서교동 486
대우프르지오 상가 1층 106호
Tel. 02 322 2669
AM 10:00~PM 11:00

LE PETIT FOUR
Paris
Pâtisserie
Chocola
Dessert
Café
LE PETIT FOUR
Pari

홍대 앞은 특색 있고 유니크한 예쁜 빵집과 카페들이 많은 곳으로 유명해요.

프랑스 과자와 케이크, 커피를 판매하는 르 쁘띠푸도 흔히 볼 수 없는 특별한 매력으로 가득한 곳이죠.

프랑스어로 쁘띠푸는 마카롱이나 슈, 타르트처럼 커피와 함께 먹는 작은 과자를 뜻해요.

이름에 걸맞게 르 쁘띠푸에서는 다양한 크림을 샌드한 마카롱과

돌돌 말린 소라 모양의 쁘띠가또, 캡슐에 담긴 수제 아이스크림을 판매해요.

르 쁘띠푸의 마카롱과 쁘띠가또, 아이스크림은 너무 예뻐서 먹기가 아까운 것들이 대부분이죠.

하나하나가 셰프의 정성이 가득 들어 있는 느낌이랄까요. 특히 아이스크림은 다른 곳처럼

스쿱으로 떠서 판매하는 형태가 아니라 하나씩 캡슐에 담겨 있는데,

그만큼 만드는 데 정성과 시간이 많이 필요해요.

예쁜 디저트를 커피와 함께 즐길 수 있도록 카페처럼 꾸몄어요.

르 쁘띠푸의 마카롱이에요. 마카롱은 모두 열한 가지 종류인데 크림을 조금씩 교체한다고 하네요. 셰프의 추천 마카롱은 멜바 마카롱이라고 하는데 저도 꼭 먹어보려고요.

더블 생크림과 초코 크림으로 만든 회오리 모양의 케이크예요. 르 쁘띠푸의 대표 메뉴랍니다.

다양하고 예쁜 쁘띠가또들이 가득해요. 어떤 맛인지 하나하나 다 먹어보고 싶어요.

이건 뭘까요? 바로 캡슐 아이스크림이에요. 자극적이지 않고 무척 순한 맛이라 좋아요.

폴앤폴리나

Add. 서울시 마포구 서교동 344
-6 칼리오페 빌딩 102호
Tel. 02 333 0185
AM 12:00~판매완료 시 영업종
료, 일요일 휴무

폴앤폴리나에 가면 두 가지 사실에 놀라요. 먼저 빵이 진열된 공간이
빵을 만드는 공간에 비해 무척 좁다는 것! 대부분의 베이커리는 빵을 만드는 작업장은
밖으로 잘 보이지 않고 빵이 진열된 공간이 베이커리의 전부를 차지할 만큼 크고 화려한데,
그것과는 무척 대조적이에요. 또한 판매하는 빵의 종류가 열손가락에 꼽힐 정도고
진열된 빵이 거의 없다는 것에 다시 한 번 놀라죠.
인테리어가 특별한 것도 아니고, 화려하고 다양한 빵들이 있는 것도 아니지만
폴앤폴리나는 늘 빵을 사려는 사람들로 붐벼요. 많은 사람이 이곳을 찾는 이유는
이스트를 최소한으로 줄이고 오랜 시간 발효시켜 소화가 잘되는 담백한 빵 맛 때문인 것 같아요.

수십, 수백 가지의 빵이 진열된 대형 베이커리와 달리, 열 개 남짓한 품목만이 진열되어 있지만 나오자마자 팔리므로 진열장은 항상 여유가 있어요.

통통한 치아바타, 블랙 올리브빵은 제가 가장 좋아하는 빵이에요.

예전에 폴앤폴리나를 방문했을 때는 빵을 만드는 분이 몇 분 안 계셨는데 어느새 그 인원이 두세 배는 많아진 거 있죠. 빵을 사러 온 분들이 많아서 예전처럼 여유 있게 구경할 새도 없이 줄을 따라 서 있다가 식량 배급받듯 순서에 맞춰 빵을 사야 했어요.

빵 나오는 시간이 적힌 폴앤폴리나의 유리문도 정감 있죠.

빵드빱바

Add. 서울시 강남구 신사동 548
-5 현대빌딩 106호
Tel. 02 543 5232
9:00~PM 9:00, 일요일 휴무

예쁘고 특색 있는 카페들이 모여 있는 신사동 가로수길에
유럽의 작은 빵집을 연상시키는 빵집, 빵드빱바가 있어요. 프랑스어로 '아빠의 빵'을 뜻하는
빵드빱바는 엄마의 정성 못지않은 아빠의 믿음직한 마음이 느껴지는 곳이에요.
빵을 만들 때 캐나다산 유기농 밀가루를 사용하고 이스트 양을 줄이는 대신 종중을
발효시켜 담백한 빵을 구워내요. 이런 정성 탓인지 빵드빱바는 치아바타나 바게트 등
제맛을 내기 어려운 빵을 찾는 단골손님이 많고 주변 다른 카페에서도 바게트를
수시로 구입하는 등 많은 이들에게 좋은 빵을 만드는 곳으로 알려져 있어요.

곳곳에 놓인 내추럴한 소품들과
낡은 벽돌로 된 바닥을 보면 셰프
분의 따뜻한 마음이 전해져요.

실제 빵을 장식용 소품으로 활용
해요. 빵에 들어가는 유지나 달걀,
설탕 등을 줄였기 때문에 시간이
지나도 잘 썩지 않아요.

빵을 진열한 진열장의 위치가 낮
은 편이에요. 아이들의 눈높이에
맞추려 한 걸까요?

빵에 들어가는 소금도 3년 숙성시
킨 신한 갯벌 천일염을 쓰시나 봐
요. 각종 질 좋은 재료를 쓰는 걸
로 소문이 자자해요.

자연 숙성된 바게트. 바게트 모양
이 예쁘게 잘 터졌어요.

메이벨

Add. 서울시 용산구 한남2동 737
-2 102호
Tel. 02 792 5561
AM 8:00~PM 11:00, 일요일 휴무

한남동 이태원의 한적한 길을 걷다 보면 어디선가 솔솔 풍겨오는
구수한 빵냄새에 이끌려 빵집을 찾게 되는데 빵집은 좀처럼 보이지 않아요.
메이벨은 마치 조용하고 얌전한 아이마냥 그냥 지나쳐도 모를 곳에 자리 잡고 있답니다.
메이벨의 셰프는 몸이 열 개라도 모자랄 정도로 바쁘세요.
빵을 반죽하고 만들다가 손님이 오면 판매하고 또다시 열심히 빵을 만들어요.
손님이 많이 몰리는 게 별로 반갑지 않다는 농담 섞인 얘기를 하는 셰프 님.
그도 그럴 것이 빵을 판매하다가 발효 시간을 놓쳐 반죽을 여러 번 버려봤기 때문이래요.
빵에 대한 남다른 사랑과 장인정신을 빵 맛이 그대로 입증한답니다.

문 앞에 이렇게 종이 달려 있어요.
5월의 종, 메이벨인가 봐요.

메이벨에서 판매하는 빵, 구경해
보세요. 설탕과 유지를 사용하지
않고 발효 시간이 긴 식사용 빵들
이 많아요.

손님의 반 이상이 외국인이라 그
들의 입맛에 맞는 빵들이 많은 것
같아요.

르방을 이용한 발효종빵들도 많고
모양이 독특한 빵들도 눈에 들어
오네요. 살짝 비만인 통통한 바게
트도 귀여워요.

레트로오븐

Add. 서울시 강남구 논현동 254
−22호
Tel. 02 544 9045
AM 12:00~PM 7:00, 일요일 ·
월요일 · 공휴일 휴무

2년 전쯤인가 아는 분에게 소개받은 베이커러가 있어요.
유럽에서 먹어보던 빵을 파는 곳이 새로 생겼다며 기가 막힌 그곳의 빵 맛을
꼭 느껴보라는 말에 언젠가는 꼭 가봐야지 생각하고 있었죠.
마음속에 담아두고 방문을 결심했던 그곳이 바로 레트로오븐이었어요.
레트로오븐은 화학첨가물을 사용하지 않고 저온에서 오랜 시간 발효시켜
소화가 잘되는 '건강한 아침 식사용 빵'을 만들어요. 손님에게 따뜻한 차를 권하고
빵을 시식할 수 있게 큼직큼직하게 잘라주는 친절한 배려에 감동하게 된답니다.

잉글리시 머핀이에요. 만들고 싶은 마음이 불끈불끈 솟아요.

왼쪽부터 뺑오쇼콜라, 치아바타, 올리브빵.

담백하고 쫄깃한 브레첼.

라우겐 크루아상이에요. 집에 싸 들고 온 빵인데 느끼하지 않고 짭조름하니 맛있더라고요.

좁다란 길가에 위치한 작고 아담하지만 너무 예쁜 빵집이에요. 벽면에는 캔버스천에 소담스럽게 그린 빵 그림과 진짜 빵이 붙어 있어요. 마치 유럽의 작은 빵집을 보는 느낌이 들어요.

잇츠 크리스피

Add. 서울시 강남구 신사동 595
-11 유니드 빌딩 101호
Tel. 02 517 2278
AM 8:00~PM 10:00, 일요일
PM 9:00까지

압구정 골목 한켠에 자리 잡고 있는 잇츠 크리스피는 이름처럼
겉껍질이 바삭한 다양한 천연발효종빵을 만날 수 있는 곳이에요.
천연발효종은 만드는 데도 오랜 시간이 걸리고 보관하는 과정도 쉽지 않기 때문에
엄청난 정성이 들어가지 않고서는 만들기가 어려워요.
천연발효종빵은 깊은 풍미를 지니며 장시간 발효시키기 때문에
보통의 빵에 들어가는 유화제를 넣지 않아도 촉촉하고 소화가 잘된답니다.
이미 인근 레스토랑에서도 빵을 주문할 정도로 맛과 품질에 대해서 입소문이 자자하다고 하네요.

잇츠 크리스피의 천연발효종빵.
정말 먹음직스러워 보이죠?

잇츠 크리스피의 내부 모습이에요.

문 여는 시간과 닫는 시간이 적힌
정겨운 유리문.

잇츠 크리스피의 김동원 셰프는
제과업계에서도 꽤 유명한 분이에
요. 이곳의 케이크류는 미국의 유
명 호텔에서와 같은 재료와 배합
으로 만들기 때문에 정통 미국 케
이크를 맛볼 수 있어요.

브라운 브레드

Add. 서울시 서대문구 대현동 27
-46
Tel. 070 8658 1236
AM 12:00~PM 7:00, 일요일 휴무

신촌 기차역 부근 골목에 자리 잡은 아담한 빵집, 브라운 브레드는
이스트를 줄이고 장시간 발효시킨 유럽식 식사용 빵을 고집하는 곳이에요.
시골빵 캄파뉴와 대형식빵인 브라운 브레드, 브레첼, 치아바타 등이 인기 품목이고
바게트는 주문하면 즉석에서 만들어줘요. 브라운 브레드의 시식용 빵들은 시식용 빵인지가
의심스러울 정도로 커다랗게 잘라져 있고, 직접 만든 밀크잼 등을 곁들여 먹을 수 있게 준비되어 있어요.
직원들은 손님에게 시식을 적극 권유하고 늘 친절하게 대해주기 때문에 언제든지 부담 없이 들를 수 있어요.
문을 연 지는 1년 남짓 되었지만 담백한 빵 맛은 이미 입소문을 타고 많은 분에게 전해졌대요.

발효 시간이 긴 빵이 대부분이라
오후에 구워져 나오는 빵들이 많
아요. 스틱 모양의 브레첼도 있고
미니 브레첼도 있네요. 브레첼은
가운데를 가르고 버터를 듬뿍 발
라 먹으면 너무너무 맛있어요.

시골빵 캄파뉴는 이곳의 인기 품
목이라고 하네요.

치아바타와 초콜릿을 돌돌 말아
감싼 빵오쇼콜라가 보이네요.

바게트 껍질이 바삭바삭해 보이
죠? 너무 맛있을 것 같아요.

실내에 있는 장식용 빵들이에요.
잘 마른 빵이 훌륭한 장식용 소품
으로 쓰이고 있어요.

뚜레쥬르

Add. 경기도 성남시 분당구 서현
동 248-4
Tel. 031 782 1742
AM 7:00~PM 12:00

분당 서현동에 새롭게 문을 연 뚜레쥬르는 기존에 알고 있던 대형 프랜차이즈
베이커리였나를 의심할 정도로 빵의 종류와 분위기가 확 달라진 곳이에요.
호밀, 흑미 등의 잡곡을 사용한 건강빵과 기존 베이커리에서는 보기 힘들었던
치아바타나 천연효모로 만든 프랑스 전통빵 캄빠뉴 등의 유럽식 빵들이 많아요.
빵을 구입하는 소비자의 입장에서는 건강한 식사용 빵을 만날 수 있는 곳이 늘어간다는
사실과 동네에 한두 개쯤은 있는 프랜차이즈 빵집도 점차 좀 더 건강한 슬로 베이킹으로
변화해 갈 거라는 기대감이 생겨서 좋아요. 모든 게 간편하고 빠르게 바뀌는 세상이지만
우리가 먹는 음식은 조금 더 천천히, 느리게, 정성을 담아 만들었으면 좋겠어요.

대부분의 빵을 매장에서 직접 반
죽하고, 만드는 모습을 오픈키친
을 통해 볼 수 있어요.

호밀, 흑미 등을 사용한 건강빵과
버터와 설탕을 넣지 않고 천연효
모로 발효시킨 프랑스 전통빵 캄
파뉴, 견과류와 크랜베리 등을 넣
고 천연효모로 만든 풀사워 브레
드 등 건강빵의 종류가 다양해요.

먹음직스러운 여러 가지 빵들을
구경해볼까요?

진열장과 벽면, 외부까지 모두 같
은 컬러로 통일해서 세련된 분위
기를 자아내요.

도움 주신 곳 **네코 드 봉봉**

홈베이커들의 로망~ Studio M의 예쁜 그릇과
다양한 인테리어 소품들을 만날 수 있는 곳!
www.nekodebonbon.com / 1588-3269

잇 베이커리
잇 브레드

2011년 1월 15일 | 초판 1쇄 발행
2016년 5월 15일 | 초판 5쇄 발행

지은이 | 안성미
발행인 | 이원주

임임프린트 대표 | 김경섭
기획편집 | 한선화 · 김순란 · 강경양 · 한지은
디자인 | 정정은 · 김덕오
마케팅 | 노경석 · 조안나 · 이유진
제작 | 정웅래 · 김영훈

발행처 | 미호
출판등록 | 2011년 1월 27일(제321-2011-000023호)

주소 | 서울특별시 서초구 사임당로 82
전화 | 편집 (02) 3487-1650 · 영업 (02) 3471-8044

ISBN 978-89-527-6070-8 13590